もくじ

学校図書版　数学1年

テストの範囲や学習予定日をかこう！

学習計画 出題範囲	学習予定日
5/14 テストの日	5/10
	5/11

1章 正の数・負の数

1 正の数・負の数　2 加法・減法

テストに出る！ 教科書のココが要点

さらっとまとめ（赤シートを使って，□に入るものを考えよう。）

1 符号のついた数 教 p.14～p.16

・0 より大きい数を 正の数 といい，0 より小さい数を 負の数 という。

・正の整数を 自然数 ともいう。　注 自然数に 0 はふくまない。

・反対の性質をもつ数量は，正，負の符号を使って表すことができる。

例 収入⇔支出　北⇔南　東⇔西　高い⇔低い　利益⇔損失

2 数の大小と絶対値 教 p.17～p.19

・不等号　小 < 大　大 > 小　※3 つの数のときは，小 < 中 < 大

・数直線上で，ある数に対応する点と原点との距離を，その数の 絶対値 という。

3 加法・減法 教 p.21～p.34

・正，負の数の減法は，ひく数の 符号 を変えて加える。

例 $3-(+2)=3+(-2)$　$3-(-2)=3+(+2)$

・加法と減法の混じった計算は，項を並べた形に直してから計算する。

スピード確認（□に入るものを答えよう。答えは，下にあります。）

1

□ −7 のような 0 より小さい数を ① という。

□ +3 のような正の整数のことを ② という。

□「300 円の利益」を +300 円と表すとき，「300 円の損失」は ③ と表す。　★利益と損失は反対の性質を表している。

2

□ 各組の数の大小を，不等号を使って表しなさい。

+2 ④ −3　　−4 ⑤ −1　　★数の大小は，数直線をイメージして考えるとよい。

□ +2 の絶対値は ⑥ で，−7 の絶対値は ⑦ である。
★絶対値を考えるときは，その数の符号を取り去る。

3

□ $(-2)+(-5)=-(2+5)=$ ⑧　　★同符号の 2 数の和は，絶対値の和に 2 数と同じ符号をつける。

□ $(-2)+(+5)=+(5-2)=$ ⑨
★異符号の 2 数の和は，絶対値の大きい方から小さい方をひいた差に，絶対値の大きい方の符号をつける。

□ $(+4)-(+7)=(+4)+(-7)=-(7-4)=$ ⑩

□ $2+(-6)-8-(-3)=2-6-8$ ⑪ $=2+3-6-8=5-14=$ ⑫

①＿＿＿＿
②＿＿＿＿
③＿＿＿＿
④＿＿＿＿
⑤＿＿＿＿
⑥＿＿＿＿
⑦＿＿＿＿
⑧＿＿＿＿
⑨＿＿＿＿
⑩＿＿＿＿
⑪＿＿＿＿
⑫＿＿＿＿

答　①負の数　②自然数　③−300 円　④>　⑤<　⑥2　⑦7　⑧−7　⑨+3　⑩−3　⑪+3　⑫−9

基礎力UP テスト対策問題

1 符号のついた数　次の数量を，正，負の符号を使って表しなさい。

(1) 「いまから 2 時間後」を +2 時間と表すとき,「いまから 3 時間前」

(2) ある品物の重さが基準の重さより「5 kg 軽いこと」を −5 kg と表すとき，「12 kg 重いこと」

2 数直線・絶対値　次の問いに答えなさい。

(1) 下の数直線上の点 A，B，C，D に対応する数を答えなさい。また，次の数に対応する点をかき入れなさい。

+4，−3，+2.5，−4.5

A(　　)　B(　　)　C(　　)　D(　　)

−5　　0　　+5

(2) 次の各組の数の大小を，不等号を使って表しなさい。

① +2，−7　　② +5，−7，−4

(3) 数直線上で，−2.7 にもっとも近い整数を答えなさい。

(4) 次の数の絶対値を答えなさい。

① +2.5　　② −3.8

(5) 絶対値が 4.5 より小さい整数は全部で何個ありますか。

3 加法・減法　次の計算をしなさい。

(1) (−8)+(+3)　　(2) (−6)−(−4)

(3) (+5)+(−8)+(+6)　　(4) −6−(+5)+(−11)

(5) −9+3+(−7)−(−5)　　(6) 2−8−4+6

テスト対策ナビ

1 反対の性質を表しているので，+，− の符号を使って表せる。

(1) 「後」⇔「前」

(2) 「軽い」⇔「重い」

ポイント

整数や小数，分数は数直線上の点で表すことができ，右の方にある数ほど大きくなっている。

ミス注意！

3 つの数の大小を不等号で表すときは，「㊗<㊥<㊅」または「㊅>㊥>㊗」と表す。

ポイント

■+(+●)=■+●
■+(−●)=■−●
■−(+●)=■−●
■−(−●)=■+●

解答 p.1

テストに出る！

予想問題

1章 正の数・負の数
1 正の数・負の数　2 加法・減法

20分

/16問中

1 数の大小　次の各組の数の大小を，不等号を使って表しなさい。

(1)　$+0.4$，0，-0.04

(2)　-0.3，$-\frac{1}{4}$，$-\frac{2}{5}$

2 絶対値　次の 8 つの数について，下の問いに答えなさい。

-2　　$+\frac{2}{3}$　　-2.3　　0　　$-\frac{5}{2}$　　$+2$　　-0.8　　$+1.5$

(1)　もっとも小さい数を答えなさい。

(2)　絶対値が等しいものはどれとどれですか。

(3)　絶対値が小さい方から 2 番目の数を答えなさい。

(4)　絶対値が 1 より小さい数は全部で何個ありますか。

3 よく出る　加法・減法　次の計算をしなさい。

(1)　$(+9)+(+13)$

(2)　$(-11)-(-27)$

(3)　$(-7.5)+(-2.1)$

(4)　$\left(+\frac{2}{3}\right)-\left(+\frac{1}{2}\right)$

(5)　$-7+(-9)-(-13)$

(6)　$6-8-(-11)+(-15)$

(7)　$-3.2+(-4.8)+5$

(8)　$4-(-3.2)+\left(-\frac{2}{5}\right)$

(9)　$2-0.8-4.7+6.8$

(10)　$-1+\frac{1}{3}-\frac{5}{6}+\frac{3}{4}$

成績UPナビ

2 分数は小数に直して考えるとよい。

3 (5)　$-7+(-9)-(-13)=-7-9+13$ として計算する。(6)～(8)も同様にする。

3 乗法・除法　4 数の集合

テストに出る！ 教科書のココが要点

さらっとまとめ (赤シートを使って，□に入るものを考えよう。)

1 乗法・除法 教 p.36～p.46

・積の符号　負の数が偶数個→ ＋ 例 $(-2)\times(-3)\times4=+24$

負の数が奇数個→ － 例 $(-2)\times(-3)\times(-4)=-24$

・同じ数をいくつかかけ合わせたものを，その数の 累乗 という。 例 $5\times5\times5=5^3$ ← 指数

・正，負の数でわることは，その数の 逆数 をかけることと同じである。

2 四則の混じった計算 教 p.47～p.49

・累乗やかっこの中の計算 ⇒ 乗除の計算 ⇒ 加減の計算

3 数の集合 教 p.54～p.60

・「整数全体」など，ある条件にあてはまるものをひとまとまりにして考えるとき，そのまとまりを 集合 という。

・1とその数自身しか約数のない自然数を 素数 という。ある自然数を素因数だけの積に表すことを，その数を 素因数分解 するという。

スピード確認 (□に入るものを答えよう。答えは，下にあります。)

1

□ $(-2)\times(-5)=+(2\times5)=$ ①

★2数の積の符号　$(+)\times(+)\to(+)$　$(-)\times(-)\to(+)$　$(+)\times(-)\to(-)$　$(-)\times(+)\to(-)$

□ $(-4)\times(-13)\times(-5)=-(4\times5\times13)=$ ②

□ $(-2)^2=$ ③　□ $-2^2=$ ④　□ $(-2)^3=$ ⑤

★$(-2)^2=(-2)\times(-2)$　★$-2^2=-(2\times2)$　★$(-2)^3=(-2)\times(-2)\times(-2)$

□ $(-10)\div(-5)=+(10\div5)=$ ⑥

★2数の商の符号　$(+)\div(+)\to(+)$　$(-)\div(-)\to(+)$　$(+)\div(-)\to(-)$　$(-)\div(+)\to(-)$

2

□ $(-6)\div5\times(-10)=(-6)\times\frac{1}{5}\times(-10)=+\left(6\times\frac{1}{5}\times10\right)=$ ⑦

□ $(4^2-2^3)\times(-3)=(16-8)\times(-3)=$ ⑧ $\times(-3)=$ ⑨

★累乗→(　)の中→乗法の順に計算する。

3

□ 12を素因数分解すると，$12=$ ⑩ $^2\times3$

□ 右の計算より，36と45の

最大公約数は， ⑪　★3×3

最小公倍数は， ⑫　★$3\times3\times4\times5$

3)	36	45
3)	12	15
	4	5

①＿＿ ②＿＿ ③＿＿ ④＿＿ ⑤＿＿ ⑥＿＿ ⑦＿＿ ⑧＿＿ ⑨＿＿ ⑩＿＿ ⑪＿＿ ⑫＿＿

答 ①+10(10)　②−260　③+4(4)　④−4　⑤−8　⑥+2(2)　⑦+12(12)　⑧8　⑨−24　⑩2　⑪9　⑫180

解答 p.2

基礎力UP テスト対策問題

1 乗法　次の計算をしなさい。

(1)　$(+8)\times(+6)$　　(2)　$(-4)\times(-12)$

(3)　$(-5)\times(+7)$　　(4)　$\left(-\frac{3}{5}\right)\times 15$

(5)　$5\times(-3)\times 2$　　(6)　$(-3)\times(-2)\times(-7)$

2 累乗　次の問いに答えなさい。

(1)　次の式を，累乗の指数を使って表しなさい。

①　$8\times 8\times 8$　　②　$(-1.5)\times(-1.5)$

(2)　次の計算をしなさい。

①　$(-3)^3$　　②　-2^4　　③　$(5\times 2)^3$

3 逆数　次の数の逆数を求めなさい。

(1)　$-\frac{1}{10}$　　(2)　$\frac{17}{5}$　　(3)　-21　　(4)　0.6

4 除法　次の計算をしなさい。

(1)　$(+54)\div(-9)$　　(2)　$(-72)\div(-6)$

(3)　$(-8)\div(+36)$　　(4)　$18\div\left(-\frac{6}{5}\right)$

5 集合・素因数分解　次の問いに答えなさい。

(1)　次の数は，右の図の㋐～㋒のうち，どの部分に入りますか。記号で答えなさい。

①　-5　　②　0.26　　③　0　　④　6

㋐分数で表せる数
㋑整数
㋒自然数

(2)　20 から 40 までの自然数のうち，素数をすべて答えなさい。

(3)　次の数を素因数分解しなさい。

①　35　　②　84　　③　98　　④　315

テスト対策ナビ

乗除だけの式の計算は，まず符号から考えよう。

絶対に覚える!

累乗　　指数
$(-4)^2=(-4)\times(-4)$
⇒-4 を 2 個かけ合わせる。

$-4^2=-(4\times 4)$
⇒ 4 を 2 個かけ合わせる。

小数は分数に直してから逆数を考えるよ。

ポイント

1 とその数自身のほかには約数のない自然数が素数だから，約数が 3 つ以上ある数は素数ではない。

テストに出る！

予想問題 1　1章 正の数・負の数　3 乗法・除法 (1)

20分　/20問中

1 よく出る　乗法　次の計算をしなさい。

(1) $(+15)\times(-8)$　　(2) $(+0.4)\times(-2.3)$

(3) $0\times(-3.5)$　　(4) $\left(-\frac{2}{3}\right)\times\left(-\frac{3}{4}\right)$

2 乗法の交換法則・結合法則　次の計算をしなさい。

(1) $4\times(-17)\times(-5)$　　(2) $13\times(-25)\times4$

(3) $-3\times(-8)\times(-125)$　　(4) $18\times23\times\left(-\frac{1}{6}\right)$

3 よく出る　除法　次の計算をしなさい。

(1) $(-108)\div12$　　(2) $0\div(-13)$

(3) $\left(-\frac{35}{8}\right)\div(-7)$　　(4) $\left(-\frac{4}{3}\right)\div\frac{2}{9}$

4 よく出る　乗法と除法の混じった計算　次の計算をしなさい。

(1) $9\div(-6)\times(-8)$　　(2) $(-96)\times(-2)\div(-12)$

(3) $-5\times16\div\left(-\frac{5}{8}\right)$　　(4) $18\div\left(-\frac{3}{8}\right)\times\left(-\frac{5}{16}\right)$

(5) $\left(-\frac{3}{4}\right)\times\frac{8}{3}\div0.2$　　(6) $-\frac{9}{7}\times\left(-\frac{21}{4}\right)\div\frac{27}{14}$

(7) $(-3)\div(-12)\times32\div(-4)$　　(8) $(-20)\div(-15)\times(-3^2)$

成績UPナビ

2 乗法の交換法則 $a\times b=b\times a$，乗法の結合法則 $(a\times b)\times c=a\times(b\times c)$ を用いる。

4 除法を乗法に直す。

テストに出る！

予想問題 ② 1章 正の数・負の数 3 乗法・除法 (2)

20分　/13問中

1 よく出る　四則の混じった計算　次の計算をしなさい。

(1) $4-(-6)\times(-8)$

(2) $-7-24\div(-8)$

(3) $6\times(-5)-(-20)$

(4) $(-1.2)\times(-4)-(-6)$

(5) $6.3\div(-4.2)-(-3)$

(6) $\frac{6}{5}+\frac{3}{10}\times\left(-\frac{2}{3}\right)$

(7) $\frac{6}{7}\div\frac{3}{14}-\left(-\frac{7}{8}\right)\times\left(-\frac{8}{9}\right)$

(8) $\frac{3}{4}\div\left(-\frac{2}{7}\right)-\left(-\frac{3}{2}\right)\times\frac{5}{4}$

(9) $8-4\times\{6+(-9)\}$

(10) $-\frac{3}{8}-\left(-\frac{1}{2}\right)^2\div(3-5)$

2 正の数・負の数の利用　下の表は，A〜Fの6人の生徒の身長を，160 cm を基準にして，それより高い場合を正の数，低い場合を負の数で表したものです。

生　徒	A	B	C	D	E	F
基準との差 (cm)	+3	−2	0	+8	−4	+1

(1) Aの身長は何 cm ですか。

(2) もっとも背が高い生徒ともっとも背が低い生徒の身長の差は何 cm ですか。

(3) 6人の身長の平均は何 cm ですか。

1 (　)の中・累乗の計算→乗法・除法の計算→加法・減法の計算の順に計算する。
2 (3) 基準との差の平均を求める。

テストに出る！

予想問題 ③　1章 正の数・負の数　3 乗法・除法(3)　4 数の集合

⏱20分　/11問中

1 よく出る　四則の混じった計算　次の計算をしなさい。

(1) $35\times\left(-\frac{1}{5}+\frac{1}{7}\right)$

(2) $43\times(-4.3)+57\times(-4.3)$

(3) $\left(-\frac{10}{3}\right)\times\left(\frac{9}{10}-\frac{3}{5}\right)$

(4) $(-7)\times\left(-\frac{5}{4}\right)+(-13)\times\left(-\frac{5}{4}\right)$

2 数の集合　次の問いに答えなさい。

(1) 1 から 20 までの自然数のうち，約数が 2 つだけしかない数をすべて答えなさい。

(2) 四則の中で，自然数の集合でつねに計算できるものを，次の㋐～㋓からすべて選び，記号で答えなさい。ただし，除法では，0 でわることは除いて考えるものとします。

㋐ 加法　㋑ 減法　㋒ 乗法　㋓ 除法

(3) 0 でわることを除いた除法がつねにできるようになるには，数の集合をどこまで広げればよいですか。次の㋐～㋒から選び，記号で答えなさい。

㋐ 自然数　㋑ 整数　㋒ 分数で表せる数

3 素数　次の問いに答えなさい。

(1) 40 から 50 までの自然数のうち，素数をすべて求めなさい。

(2) 56 を素因数分解しなさい。

(3) 72 と 180 の最大公約数と最小公倍数を求めなさい。

(4) ある自然数を 2 乗すると 576 になります。この自然数を求めなさい。

1 分配法則 $a\times(b+c)=a\times b+a\times c$ を用いる。
3 (4) 576 を素因数分解して考える。

テストに出る！

章末予想問題 1章 正の数・負の数

30分 /100点

1 次の問いに答えなさい。 4点×2〔8点〕

(1) 「いまから5分後」を $+5$ 分と表すとき，「いまから10分前」はどのように表されますか。

(2) 「2万円の支出」を -2 万円と表すとき，$+2$ 万円はどのようなことを表していますか。

2 次の計算をしなさい。 4点×4〔16点〕

(1) $(-8)+(-5)-(-6)$

(2) $6-(-2)-11-(+7)$

(3) $-\frac{2}{5}-0.6-\left(-\frac{5}{7}\right)$

(4) $-1.5+\frac{1}{3}-\frac{1}{2}+\frac{1}{4}$

3 次の計算をしなさい。 4点×8〔32点〕

(1) $-12\div18\times(-4)$

(2) $-2^2\div(-1)^3\times(-3)$

(3) $4\times(-3)^2-32\div(-2)^3$

(4) $-24\div\{(-3)^2-(8-11)\}$

(5) $-\frac{2}{3}\times(-12)-(-3)\div\frac{1}{2}$

(6) $-1.4+\left(-\frac{3}{5}+\frac{1}{3}\right)\div\left(-\frac{2}{3}\right)$

(7) $15\times\left(\frac{2}{3}-\frac{3}{5}\right)$

(8) $3\times(-18)+3\times(-32)$

4 差がつく 下の表は，A～Hの8人の生徒のテストの得点を，60点を基準にして，それより高い場合を正の数，低い場合を負の数で表したものです。 6点×2〔12点〕

生　徒	A	B	C	D	E	F	G	H
基準との差(点)	$+6$	-8	$+18$	-5	0	-15	$+11$	-3

(1) 8人の得点について，基準との差の平均を求めなさい。

(2) 8人の得点の平均を求めなさい。

解答 p.4

満点ゲット作戦

四則計算のしかたを整理しておこう。累乗の計算は，どの数を何個かけ合わせるのか確かめよう。例 $-4^2=-(4\times4)$

ココが要点を再確認　もう一歩　合格

0　70　85　100点

5 次の表で，数の範囲を自然数，整数，分数で表せる数の集合として考えます。計算がつねにできるものには○を，つねにできるとは限らないものには×を書き入れなさい。ただし，除法では，0 でわることは除いて考えるものとします。　3点×6〔18点〕

	加法	減法	乗法	除法
自然数	○	①	○	②
整数	○	③	○	④
分数で表せる数	⑤	○	⑥	○

6 次の問いに答えなさい。　7点×2〔14点〕

(1) 30 でわっても，42 でわってもわり切れる自然数のうちで，もっとも小さい自然数を求めなさい。

(2) 78 と 106 のどちらをわっても，8 あまる自然数を求めなさい。

1	(1)	(2)	
2	(1)	(2)	(3)
	(4)		
3	(1)	(2)	(3)
	(4)	(5)	(6)
	(7)	(8)	
4	(1)	(2)	
5	①	②	
	③	④	
	⑤	⑥	
6	(1)	(2)	

まちがえたら，
解きなおそう！

1	2	3	4	5	6
/8点	/16点	/32点	/12点	/18点	/14点

1 文字式

テストに出る！ 教科書のココが要点

さらっとまとめ (赤シートを使って，□に入るものを考えよう。)

1 文字を使った式 教 p.68〜p.70

・$4\times x-3$ のように，文字を使って表した式を［文字式］という。

・式の値…式の中の文字に数を［代入］して計算した結果のこと。

2 文字式の表し方 教 p.71〜p.78

・積の表し方…1 文字式では，乗法の記号［×］を省く。 例 $2\times x=2x$

2 数と文字の積では，数を文字の［前］に書く。 例 $y\times 5=5y$

3 同じ文字の積は，累乗の［指数］を使って表す。 例 $a\times a=a^2$

・商の表し方…文字式では，除法の記号［÷］を使わずに，分数の形で表す。 例 $x\div 5=\dfrac{x}{5}$

注 $x\div 5$ は $x\times\dfrac{1}{5}$ と同じことだから，$\dfrac{x}{5}$ は $\dfrac{1}{5}x$ と書くこともできる。

スピード確認 (□に入るものを答えよう。答えは，下にあります。)

1 $x=-3$ のとき，次の式の値を求めなさい。

□ $2x-5$…［①］

★$2x-5=2\times(-3)-5$

□ $4x^2$…［②］

★$4x^2=4\times(-3)^2=4\times(-3)\times(-3)$

2 (1) 次の式を，文字式の表し方にしたがって表しなさい。

□ $b\times 3\times a=$［③］

□ $(x+y)\times(-2)=$［④］

□ $x\times y\times y\times y=$［⑤］

□ $x\div(-4)=$［⑥］

□ $a\times 3-5=$［⑦］

□ $x\times 0.2-4\times y=$［⑧］

(2) 次の数量を，文字式で表しなさい。

□ 1個 x 円のりんごを7個買い，1000円出したときのおつりは(［⑨］)円である。

□ 周囲の長さが a cm である正方形の1辺の長さは［⑩］cm である。

□ x kg の 17% は［⑪］kg である。

★$x\times\dfrac{17}{100}$ (kg)

①

②

③

④

⑤

⑥

⑦

⑧

⑨

⑩

⑪

答 ①-11 ②$36$ ③$3ab$ ④$-2(x+y)$ ⑤xy^3 ⑥$-\dfrac{x}{4}\left(-\dfrac{1}{4}x\right)$ ⑦$3a-5$ ⑧$0.2x-4y$ ⑨$1000-7x$ ⑩$\dfrac{a}{4}$ ⑪$\dfrac{17}{100}x$

解答 p.4

基礎力UP テスト対策問題

1 文字式の表し方　次の式を，文字式の表し方にしたがって表しなさい。

(1) $y\times x\times(-1)$　(2) $a\times a\times b\times a\times b$

(3) $4\times x+2$　(4) $7-5\times x$

(5) $(x-y)\times 5$　(6) $(x-y)\times(-0.1)$

2 文字式の表し方　次の式を，文字式の表し方にしたがって表しなさい。

(1) $x\div(-3)$　(2) $x\div y$

(3) $7-a\div 4$　(4) $a\div 5-b\div 3$

(5) $(x+y)\div 6$　(6) $(a-b)\div(-2)$

3 いろいろな数量の表し方　次の数量を，文字式で表しなさい。

(1) 1個x円のケーキを4個買い，50円の箱に入れてもらったときの代金

(2) a kmの道のりを4時間かけて進んだときの速さ

(3) x個のみかんを12人の子どもにy個ずつ配ったときに残ったみかんの個数

(4) xからyをひいた差の8倍

(5) x人の21％　(6) a円の9割

4 式の値　$a=\frac{1}{3}$，$b=2$ のとき，次の式の値を求めなさい。

(1) $6a-2$　(2) $-a^2$　(3) $\frac{a}{9}$

(4) $6a+3b$　(5) $12a-b^2$

テスト対策ナビ

ミス注意！
■$(x-y)\times 3$
$=3(x-y)$
かっこはそのまま

ミス注意！
■$(x-y)\div 3$
$=\frac{x-y}{3}$
かっこはつけない
※$\frac{1}{3}(x-y)$ とも書ける。

3 (速さ)=(道のり)÷(時間)だね。

思い出そう！
割合
1％…$\frac{1}{100}$，0.01
1割…$\frac{1}{10}$，0.1

乗法の記号×を使って表してから，代入するよ。

テストに出る！

予想問題

2章 文字式
1 文字式

20分　/17問中

1 よく出る　文字式の表し方　次の式を，文字式の表し方にしたがって表しなさい。

(1) $x\times(-5)$　　(2) $5a\div2$

(3) $a\div3\times b\times b$　　(4) $x\div y\div4$

2 ×や÷を使った式　次の式を，乗法の記号×や除法の記号÷を使って表しなさい。

(1) $2ab^2$　　(2) $\dfrac{x}{3}$

(3) $-6(x-y)$　　(4) $2a-\dfrac{b}{5}$

3 よく出る　いろいろな数量の表し方　次の数量を，文字式で表しなさい。

(1) 300ページの本を，毎日10ページずつ m 日間読んだときの残りのページ数

(2) 50円切手を x 枚と10円切手を y 枚買ったときの代金の合計

(3) x と y の和を5でわった数　　(4) a Lの2割5分

4 式の値　$a=-5$ のとき，次の式の値を求めなさい。

(1) $-2a-10$　　(2) $3+(-a)^2$　　(3) $-\dfrac{a}{8}$

5 式の値　右の図の直方体の体積を，文字式で表しなさい。
また，$a=4$ のときの体積を求めなさい。

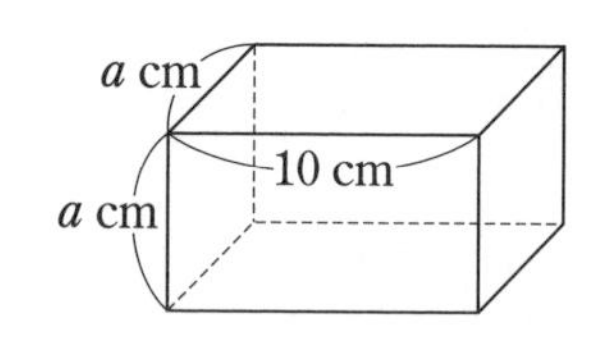

4 負の数を代入するときは，(　)をつける。
5 直方体の体積は，縦×横×高さ で求められる。

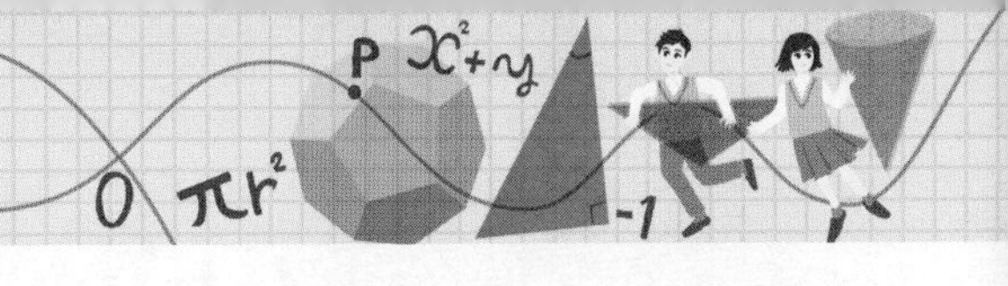

2 式の計算

テストに出る! 教科書のココが要点

さらっとまとめ（赤シートを使って，□に入るものを考えよう。）

1 1次式の計算 教 p.79〜p.84

分配法則
- $a(b+c)=ab+ac$
- $ab+ac=a(b+c)$

- $3a+5$ という式で，加法の記号＋で結ばれた $3a$，5 を，この式の 項 という。また，$3a$ の 3 を a の 係数 という。
- $3a$ のように，1つの文字と数との積で表される項を 1次の項 といい，$3a+5$ のように，1次の項と数の項との和の式や，$3a$ のように，1次の項だけの式を 1次式 という。
- 文字の部分が同じ項は分配法則を使って，1つの項にまとめることができる。

  例 $4x-2+2x+6=(4+2)x-2+6=6x+4$
- 1次式どうしの加法・減法…加法は，同じ 文字 の項どうし，数 の項どうしをそれぞれまとめて，1つの1次式をつくる。減法は，加法 に直して計算する。
- 項が1つの1次式と数の乗法・除法…乗法は，数どうしの積に文字をかける。除法は，乗法 に直して計算するか，分数 の形に直して計算する。

  例 $3x\times2=3\times x\times2=3\times2\times x=6x$

  例 $6x\div2=6x\times\frac{1}{2}=6\times\frac{1}{2}\times x=3x$ または $6x\div2=\frac{6x}{2}=3x$
- 項が2つの1次式と数の乗法・除法…乗法は，分配法則 を使ってかっこをはずす。除法は，乗法 に直して計算するか，分数 の形に直して計算する。

  例 $3(x-2)=3\times x+3\times(-2)=3x-6$

  例 $(6x+4)\div2=(6x+4)\times\frac{1}{2}=3x+2$ または $(6x+4)\div2=\frac{6x+4}{2}=\frac{6x}{2}+\frac{4}{2}=3x+2$

スピード確認（□に入るものを答えよう。答えは，下にあります。）

1
- □ $2x-7+3x+5=$ ①
- □ $(5x-3)+(-x-4)=5x-3-x-4=$ ②
- □ $(-3a+2)-(4a-7)=-3a+2-4a+7=$ ③

  ★ひく式の各項の符号を変えて，加法に直して計算する。
- □ $(-4)\times(-7x)=$ ④
- □ $18x\div9=$ ⑤
- □ $-2(3a-4)=$ ⑥

  ★分配法則を使ってかっこをはずす。
- □ $(6x-8)\div2=$ ⑦

  ★除法を乗法に直す。

①
②
③
④
⑤
⑥
⑦

答 ① $5x-2$　② $4x-7$　③ $-7a+9$　④ $28x$　⑤ $2x$　⑥ $-6a+8$　⑦ $3x-4$

解答 p.5

基礎力UP テスト対策問題

1 1次式どうしの加法・減法　次の計算をしなさい。

(1) $8x+5x$　(2) $2y-3y$

(3) $7x+1-6x-5$　(4) $4-\frac{5}{2}a+3a-8$

(5) $(7a-4)+(9a+1)$　(6) $(6x-5)-(-3x+8)$

2 項が1つの1次式と数の乗法・除法　次の計算をしなさい。

(1) $8a\times6$　(2) $6\times\frac{1}{6}y$

(3) $15x\div5$　(4) $3m\div18$

(5) $(-7)\times\left(-\frac{3}{14}x\right)$　(6) $\frac{3}{4}y\div\left(-\frac{7}{16}\right)$

3 項が2つの1次式と数の乗法・除法　次の計算をしなさい。

(1) $7(x+2)$　(2) $(4x-1)\times(-2)$

(3) $\frac{1}{4}(8x-4)$　(4) $\left(\frac{1}{2}x-\frac{2}{3}\right)\times6$

(5) $(6x-4)\div2$　(6) $\frac{3x+8}{2}\times4$

4 いろいろな計算　次の計算をしなさい。

(1) $2(4x-10)+3(2x+9)$

(2) $5(-2x+1)-3(3x-1)$

テスト対策ナビ

文字の項どうしと数の項どうしをそれぞれまとめるけれど，文字の項と数の項をまとめることはできなかったね。

ミス注意！

1次式と数の除法
逆数を使って乗法に直すことができる。

例　$\div2$ ➡ $\times\frac{1}{2}$

絶対に覚える！

分配法則

$a(b+c)=ab+ac$

$(b+c)a=ab+ac$

テストに出る！

予想問題　2章 文字式　2 式の計算

🕓20分　/19問中

1 よく出る　項と係数　次の式の項と，文字をふくむ項の係数を答えなさい。

(1) $3a-5$　　(2) $-\frac{x}{2}+\frac{1}{3}$

2 よく出る　1次式の加法・減法　次の計算をしなさい。

(1) $5a-2-4a+3$　　(2) $\frac{b}{4}-3+\frac{b}{2}$

(3) $(3x+6)+(-4x-7)$　　(4) $(-2x+4)-(3x+4)$

(5)
$$\begin{array}{rr} & 5x-7 \\ +) & -2x+3 \\ \hline \end{array}$$

(6)
$$\begin{array}{rr} & -3a-8 \\ -) & -5a+9 \\ \hline \end{array}$$

3 1次式の加法・減法　次の2つの式の和を求めなさい。また，左の式から右の式をひいたときの差を求めなさい。

$9x+1$,　$-6x-3$

4 よく出る　1次式の計算　次の計算をしなさい。

(1) $8(3a-7)$　　(2) $-(2m-5)$

(3) $(20a-85)\div(-5)$　　(4) $(-18)\times\frac{4a-5}{3}$

(5) $-2(4-3x)+3(2x-5)$　　(6) $\frac{1}{3}(6x-12)+\frac{3}{4}(8x-4)$

5 文字式の利用　右の図のように，マッチ棒を並べて正三角形を n 個つくるとき，マッチ棒は何本必要ですか。

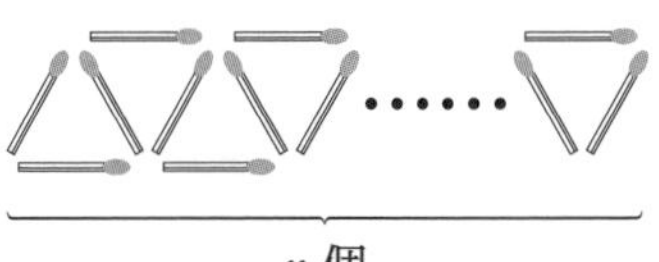

4 分配法則を使ってかっこをはずす。
5 水平に置くマッチ棒の本数と，斜めに置くマッチ棒の本数を考える。

テストに出る！

章末予想問題　2章 文字式

30分

/100点

1 次の式を，文字式の表し方にしたがって表しなさい。　4点×4〔16点〕

(1) $b\times a\times(-2)-5$　(2) $x\times3-y\times y\div2$

(3) $a\div4\times(b+c)$　(4) $a\div b\times c\times a\div3$

2 次の数量を，文字式で表しなさい。　4点×6〔24点〕

(1) 12本がx円である鉛筆の，1本当たりの値段

(2) aの5倍からbをひいたときの差

(3) 縦$x$cm，横$y$cmの長方形の周囲の長さ

(4) $a$kgの8％の重さ

(5) amの針金からbmの針金を7本切り取ったとき，残っている針金の長さ

(6) 分速amでb分間歩いたときに進んだ道のり

3 1個x円のみかんと，1個y円のりんごがあります。このとき，$(2x+2y)$円はどんな数量を表していますか。　〔8点〕

4 $x=-6$のとき，次の式の値を求めなさい。　5点×2〔10点〕

(1) $3x+2x^2$　(2) $\dfrac{x}{2}-\dfrac{3}{x}$

解答 p.6

満点ゲット作戦

文字式の表し方を確認しておこう。かっこをはずすときの符号には注意しよう。例 $-3(a+2)=-3a-6$

ココが要点を再確認　もう一歩　合格
0　70　85　100点

5 差がつく　次の計算をしなさい。　5点×6〔30点〕

(1) $-x+7+4x-9$

(2) $\frac{1}{2}a-1-2a+\frac{2}{3}$

(3) $\left(\frac{1}{3}a-2\right)-\left(\frac{3}{2}a-\frac{5}{4}\right)$

(4) $\frac{4x-3}{7}\times(-28)$

(5) $(-63x+28)\div7$

(6) $2(3x-7)-3(4x-5)$

6 右の図のようにマッチ棒を並べて正方形をつくるとき，次の問いに答えなさい。　6点×2〔12点〕

(1) n 個の正方形をつくるには，マッチ棒は何本必要ですか。

(2) 正方形を 10 個つくるには，マッチ棒は何本必要ですか。

1	(1)	(2)	(3)
	(4)		
2	(1)	(2)	(3)
	(4)	(5)	(6)
3			
4	(1)	(2)	
5	(1)	(2)	(3)
	(4)	(5)	(6)
6	(1)	(2)	

1	/16点	**2**	/24点	**3**	/8点	**4**	/10点	**5**	/30点	**6**	/12点

1 方程式(1)

テストに出る！ 教科書のココが要点

さらっとまとめ（赤シートを使って，□に入るものを考えよう。）

1 等式と不等式 教 p.96～p.99

・等式…等号を使って数量の関係を表した式。

・不等式…不等号を使って数量の関係を表した式。

・等式や不等式で，等号や不等号の左側の式を 左辺 ，右側の式を 右辺 ，左辺と右辺を合わせて 両辺 という。

2 方程式とその解 教 p.100～p.101

・方程式を成り立たせる x の値を方程式の 解 といい，方程式の解を求めることを，方程式を 解く という。

3 方程式の解き方 教 p.102～p.107

・等式の一方の辺にある項を，符号を変えて他方の辺に移すことを 移項 という。

・方程式を解くには，等式の性質を利用したり，移項の考え方を利用する。

例 $3x-5=2x$
$3x-2x=5$
（符号を変えて他方の辺に移す。）

スピード確認（□に入るものを答えよう。答えは，下にあります。）

1

□「1冊 a 円のノート3冊と1本 b 円の鉛筆5本の代金を払うと，1000円でおつりがあった。」このことを式に表すと，①となる。

□「1冊 a 円のノート4冊と1本 b 円の鉛筆6本の代金は1500円であった。」このことを式に表すと，②となる。

3

□ 方程式を解く手順

1 文字の項を左辺に，数の項を右辺に ③ する。

2 $ax=b$ の形にする。 3 両辺を x の係数 ④ でわる。

□ 方程式 $2x-1=6x+9$ を解きなさい。

$2x-1=6x+9$
$2x$ ⑤ $6x=9$ ⑥ 1
$-4x=10$
$\dfrac{-4x}{⑦}=\dfrac{10}{⑦}$
$x=$ ⑧

※等式の性質を使って
$2x-1=6x+9$ を解く。
〈1〉両辺に1をたして，
$2x=6x+10$
〈2〉両辺から $6x$ をひいて，
$-4x=10$
〈3〉両辺を -4 でわって，
$x=$ ⑧

① ______
② ______
③ ______
④ ______
⑤ ______
⑥ ______
⑦ ______
⑧ ______

答 ①$3a+5b<1000$ ②$4a+6b=1500$ ③移項 ④a ⑤$-$ ⑥$+$ ⑦-4 ⑧$-\dfrac{5}{2}$

解答 p.7

基礎力UP テスト対策問題

1 等式・方程式　次の問いに答えなさい。

(1)　ある数xの4倍に7を加えると，19になる。この数量の関係を等式で表しなさい。

(2)　xが次の値のとき，$4x+7$ の値を求めなさい。

①　$x=1$　　②　$x=2$　　③　$x=3$

(3)　(2)の結果から，等式 $4x+7=19$ が成り立つときのxの値を，①～③の番号で答えなさい。

2 等式の性質の利用　次の□にあてはまる数を入れて，方程式を解きなさい。

(1)　$x-6=13$

両辺に[①　]をたすと，

$x-6+$[②　]$=13+$[③　]

したがって，$x=$[④　]

(2)　$\frac{1}{4}x=-3$

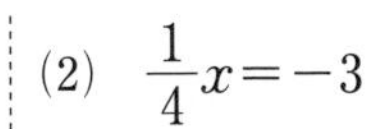

両辺に[①　]をかけると，

$\frac{1}{4}x\times$[②　]$=-3\times$[③　]

したがって，$x=$[④　]

3 方程式の解き方　次の方程式を解きなさい。

(1)　$x+4=13$　　(2)　$x-2=-5$

(3)　$3x-8=16$　　(4)　$6x+4=9$

(5)　$x-3=7-x$　　(6)　$6+x=-x-4$

(7)　$4x-1=7x+8$　　(8)　$5x-3=-4x+12$

(9)　$8-5x=4-9x$　　(10)　$7-2x=4x-5$

テスト対策ナビ

1 (3) (2)の結果から，左辺＝19となるxの値を見つける。

ポイント

等式の性質

$A=B$ ならば，

1 $A+m=B+m$

2 $A-m=B-m$

3 $Am=Bm$

4 $\frac{A}{m}=\frac{B}{m}$ $(m\neq 0)$

また，等式の両辺を入れかえても，その等式は成り立つ。

$A=B$ ならば，

5 $B=A$

「移項」するときは，符号を変えるのを忘れないようにしよう。

テストに出る！

予想問題 ①　3章 1次方程式　1 方程式(1)

🕓20分　/10問中

1 関係を表す式　次の数量の関係を，等式や不等式で表しなさい。

(1) ある数 x の 2 倍に 3 をたすと，15 より大きくなる。

(2) 1 個 a g の品物 8 個の重さは 100 g より軽い。

(3) 6 人の生徒が x 円ずつ出したときの金額の合計は 3000 円以上になった。

(4) 1 個 a 円のケーキ 2 個の代金と，1 個 b 円のシュークリーム 3 個の代金は等しい。

(5) 果汁 30 % のオレンジジュース x mL にふくまれる果汁の量は y mL 未満である。

(6) 50 個のりんごを 1 人に a 個ずつ 8 人に配ると b 個あまる。

(7) ある数 x の 2 倍は，x に 6 を加えた数に等しい。

(8) x 人いたバスの乗客のうち 10 人降りて y 人乗ってきたので，残りの乗客は 25 人以下になった。

(9) 分速 80 m で x 分間歩いたときの道のりは 1040 m である。

(10) 12 からある数 x をひいた差は -2 以下になった。

1 「以上」や「以下」を表すときには，不等号≧，≦を使う。
「～より大きい」，「～より小さい」，「未満」を表すときには，不等号>，<を使う。

テストに出る！
予想問題 ❷　3章 1次方程式　1 方程式 (1)

🕓 20分　/9問中

1 等式や不等式の表す意味　ノート1冊の値段が x 円，鉛筆1本の値段は y 円です。このとき，次の等式や不等式はどんな数量の関係を表していますか。

(1) $3x+5y=750$　　(2) $x>y$

(3) $1000-7y<250$　　(4) $6x+5y \geqq 1000$

2 よく出る　方程式の解　次の方程式の解は，-2，-1，0，1，2 のうちどれですか。

(1) $3x-4=-7$　　(2) $2x-6=8-5x$

(3) $\frac{1}{3}x+2=x+2$　　(4) $4(x-1)=-x+1$

3 方程式の解　次の方程式のうち，解が2であるものを選び，記号で答えなさい。

㋐ $x-4=-2$　　㋑ $3x+7=-13$

㋒ $6x+5=7x-3$　　㋓ $4x-9=-5x+9$

2 **3** 与えられた値を，左辺と右辺それぞれに代入して，両辺が等しい値になるものが，その方程式の解である。

テストに出る！
予想問題 ③　3章 1次方程式　1 方程式 (1)

🕓20分　/28問中

1 等式の性質　次のように方程式を解くとき，(　)にはあてはまる符号を，□にはあてはまる数や式を入れなさい。また，〔　〕には下の等式の性質①〜④のどれを使ったかを①〜④の番号で答えなさい。

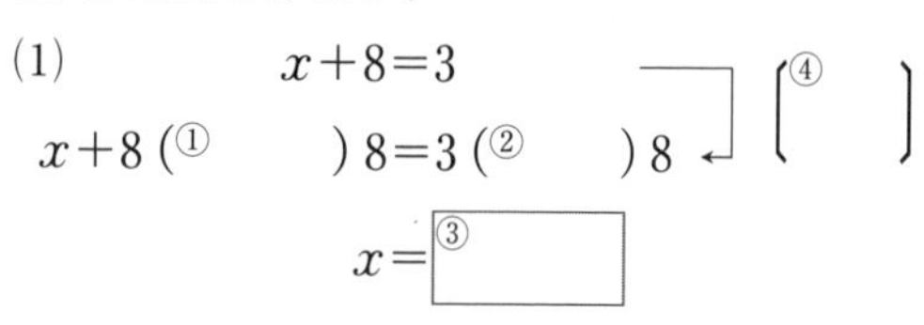

(1) $x+8=3$

$x+8$ (① 　) $8=3$ (② 　) 8　〔④　〕

$x=$ ③□

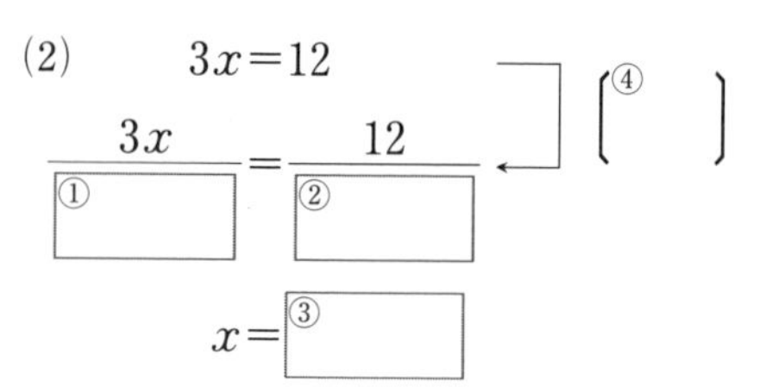

(2) $3x=12$

$\dfrac{3x}{①□}=\dfrac{12}{②□}$　〔④　〕

$x=$ ③□

(3) $-2x=14-3x$

$-2x$ ①□ $=14-3x$ ②□　〔④　〕

③□ $=14$

(4) $\dfrac{3}{2}x=6$

$\dfrac{3}{2}x\times$ ①□ $=6\times$ ②□　〔④　〕

$x=$ ③□

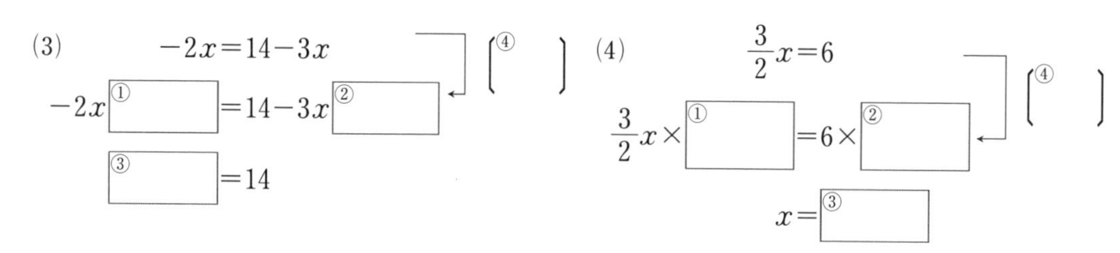

$A=B$ ならば，

① $A+m=B+m$　② $A-m=B-m$　③ $Am=Bm$　④ $\dfrac{A}{m}=\dfrac{B}{m}$ $(m\neq 0)$

2 等式の性質　等式の性質を使って，次の方程式を解きなさい。

(1) $9x+2=8x$

(2) $\dfrac{1}{7}x=7$

3 1次方程式の解き方　次の□にあてはまる数や式を書いて，方程式を解きなさい。

(1) $x=4x-18$

①□ を移項して，

x ②□ $=-18$

③□ $x=-18$

両辺を ③□ でわって，

$x=$ ④□

(2) $9x-2=5x-10$

-2，①□ を移項して，

$9x$ ②□ $=-10$ ③□

④□ $x=$ ⑤□

両辺を ④□ でわって，

$x=$ ⑥□

2 (2) 両辺に7をかければよい。両辺を x の係数 $\dfrac{1}{7}$ でわって解くこともできる。

解答 p.9

テストに出る!

予想問題 ④ 3章 1次方程式 1 方程式 (1)

20分

/18問中

1 よく出る 方程式の解き方 次の方程式を解きなさい。

(1) $x-7=3$

(2) $x+5=12$

(3) $-4x=32$

(4) $6x=-5$

(5) $\frac{1}{5}x=10$

(6) $-\frac{2}{3}x=4$

2 よく出る 方程式の解き方 次の方程式を解きなさい。

(1) $3x-8=7$

(2) $-x-4=3$

(3) $9-2x=17$

(4) $6=4x-2$

(5) $4x=9+3x$

(6) $7x=8+8x$

(7) $-5x=18-2x$

(8) $5x-2=-3x$

(9) $6x-4=3x+5$

(10) $5x-3=3x+9$

(11) $8-7x=-6-5x$

(12) $2x-13=5x+8$

1 2 方程式を解くには，等式の性質や移項の考え方を使って，「$x=\square$」の形にすることを考える。移項するときは，符号に注意する。

1 方程式(2) 2 1次方程式の利用

テストに出る！ 教科書のココが要点

さらっとまとめ（赤シートを使って，□に入るものを考えよう。）

1 いろいろな方程式 教 p.107～p.109

・かっこをふくむ方程式は，分配法則を使って［かっこをはずして］から解く。

・係数に小数をふくむ方程式は，両辺に10，100などをかけて，係数を［整数］に直す。

・係数に分数をふくむ方程式は，両辺に分母の［公倍数］をかけて，分母をはらって係数を整数に直す。

・解を求めたら，その解で「検算」すると，その解が正しいか確かめることができる。

・方程式のすべての項を左辺に移項して整理したとき，$ax+b=0$ $(a \neq 0)$ のように，左辺がxについての1次式になる方程式を，［1次方程式］という。

2 1次方程式の利用 教 p.112～p.116

・問題の中にある，数量の関係を見つけ，図や表，ことばの式で表す。

→わかっている数量，わからない数量をはっきりさせ，文字を使って方程式をつくる。

→つくった方程式を解く。

→方程式の解が問題に適しているかどうかを確かめ，適していれば問題の答えとする。

3 比例式 教 p.117～p.120

・$a:b=c:d$ ならば，$ad=$［bc］

スピード確認（□に入るものを答えよう。答えは，下にあります。）

2

□ 1個150円のりんごと1個80円のなしを合わせて9個買ったら，代金の合計は1000円でした。このとき，りんごをx個買うとして，下の表の①～③にあてはまる式を答えなさい。

	りんご	なし	合計
1個の値段(円)	150	80	
個数(個)	x	②	9
代金(円)	①	③	1000

★文章題を解くときは，表をつくって考えるとよい。

□ 上の問題で，方程式をつくると，④$=1000$ となり，その方程式を解くと，$x=$⑤

★$150x+720-80x=1000$　$70x=1000-720$　$70x=280$

よって，買ったりんごは⑥個，なしは⑦個になる。

★$9-4$

①
②
③
④
⑤
⑥
⑦

答 ①$150x$ ②$9-x$ ③$80(9-x)$ ④$150x+80(9-x)$ ⑤4 ⑥4 ⑦5

基礎力UP テスト対策問題

1 いろいろな方程式の解き方　次の方程式を解きなさい。

(1)　$2x-3(x+1)=-6$　　(2)　$0.7x-1.5=2$

(3)　$1.3x-3=0.2x-0.8$　　(4)　$0.4(x+2)=2$

(5)　$\frac{1}{3}x-2=\frac{5}{6}x-1$　　(6)　$\frac{x-3}{3}=\frac{x+7}{4}$

2 速さの問題　兄は8時に家を出発して駅に向かいました。弟は8時12分に家を出発して自転車で兄を追いかけました。兄の速さを分速80 m，弟の速さを分速240 mとするとき，次の問いに答えなさい。

(1)　弟が出発してからx分後に兄に追いつくとして，下の表の①～③にあてはまる式を答えなさい。

	兄	弟
速さ (m/min)	80	240
時間 (分)	①	x
道のり (m)	②	③

(2)　(1)の表を利用して，方程式をつくりなさい。

(3)　(2)でつくった方程式を解いて，弟が兄に追いつくのは8時何分になるか求めなさい。

(4)　家から駅までの道のりが1800 mであるとき，弟が8時16分に家を出発したとすると，弟は駅に行く途中で兄に追いつくことができますか。

3 比例式　次の比例式を解きなさい。

(1)　$x:8=7:4$　　(2)　$3:x=9:12$

(3)　$2:7=\frac{3}{2}:x$　　(4)　$5:2=(x-4):6$

テスト対策ナビ

ミス注意!
かっこをふくむ方程式は，かっこをはずしてから解く。かっこをはずすときは，符号に注意する。
$-○(□-△)$
$=-○×□+○×△$

まずは，与えられた条件を表に整理し，等しい関係にある数量を見つけて，方程式をつくろう。

分速a mをa m/minと表すことがあるよ。min は minute (分) を略したものだよ。

絶対に覚える!
比例式は，比例式の性質を使って解く。
$a:b=c:d$
ならば，
$ad=bc$

テストに出る!

予想問題 ❶　3章 1次方程式　1 方程式 (2)

🕓20分　/15問中

1 よく出る　かっこをふくむ方程式　次の方程式を解きなさい。

(1) $3(x+8)=x+12$　　(2) $2+7(x-1)=2x$

(3) $2(x-4)=3(2x-1)+7$　　(4) $9x-(2x-5)=4(x-4)$

2 係数に小数をふくむ方程式　次の方程式を解きなさい。

(1) $0.7x-2.3=3.3$　　(2) $0.18x+0.12=-0.6$

(3) $x+3.5=0.25x+0.5$　　(4) $0.6x-2=x+0.4$

3 係数に分数をふくむ方程式　次の方程式を解きなさい。

(1) $\frac{2}{3}x=\frac{1}{2}x-1$　　(2) $\frac{x}{2}-1=\frac{x}{4}+\frac{1}{2}$

(3) $\frac{1}{3}x-3=\frac{5}{6}x-\frac{1}{2}$　　(4) $\frac{1}{5}x-\frac{1}{6}=\frac{1}{3}x-\frac{2}{5}$

4 分数の形をした方程式　次の方程式を解きなさい。

(1) $\frac{x-1}{2}=\frac{4x+1}{3}$　　(2) $\frac{3x-2}{2}=\frac{6x+7}{5}$

5 xについての方程式　xについての方程式 $2x+a=7-3x$ の解が2のとき，aの値を求めなさい。

5 解が2だから，方程式 $2x+a=7-3x$ は $x=2$ のとき成り立つ。
したがって，$2x+a=7-3x$ のxに2を代入して，aの値を求める。

テストに出る！
予想問題 ②　3章 1次方程式　2 1次方程式の利用

20分　/11問中

1 過不足の問題　あるクラスの生徒に画用紙を配ります。1人に4枚ずつ配ると13枚あまります。また，1人に5枚ずつ配ると15枚たりません。

(1) 生徒の人数をx人として，x人に4枚ずつ配ると13枚あまることと，x人に5枚ずつ配ると15枚たりないことを右の図は表しています。右の図の①～④にあてはまる式や数を答えなさい。

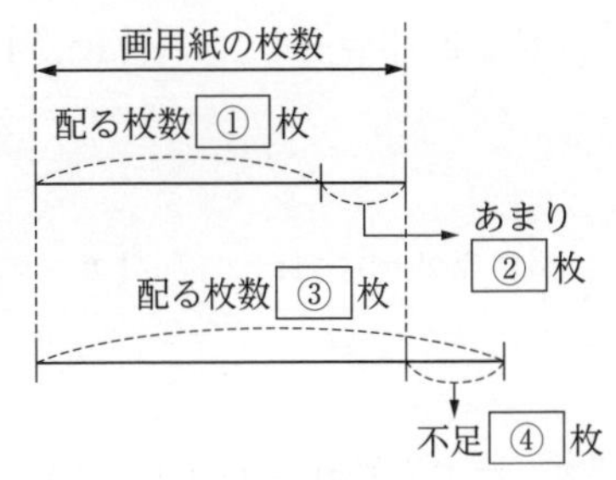

(2) (1)の図を利用して，画用紙の枚数をxを使った2通りの式に表しなさい。

(3) 方程式をつくり，生徒の人数と画用紙の枚数を求めなさい。

2 よく出る　数の問題　ある数の5倍から12をひいた数と，ある数の3倍に14をたした数は等しくなります。ある数をxとして方程式をつくり，ある数を求めなさい。

3 年齢の問題　現在，父は45歳，子は13歳です。父の年齢が子の年齢の2倍になるのは，今から何年後ですか。2倍になるのがx年後として方程式をつくり，何年後になるか求めなさい。

4 速さの問題　山のふもとから山頂までを往復するのに，行きは時速2 kmで，帰りは時速3 kmで歩いたら，往復で4時間かかりました。山のふもとから山頂までの道のりをx kmとして方程式をつくり，山のふもとから山頂までの道のりを求めなさい。

5 比例式　次の比例式を解きなさい。

(1) $x:6=5:3$　　(2) $1:2=4:(x+5)$

3 今からx年後の父の年齢は$(45+x)$歳，子の年齢は$(13+x)$歳である。

5 (1) $x\times3=6\times5$　(2) $1\times(x+5)=2\times4$

テストに出る!

章末予想問題 3章 1次方程式

30分

/100点

1 次の方程式のうち，〔 〕の中の値が解になるものには○，解にならないものには×をつけなさい。 4点×4〔16点〕

(1) $x-3=-4$ 〔$x=7$〕

(2) $4x+7=-5$ 〔$x=-3$〕

(3) $2x+5=4-x$ 〔$x=-1$〕

(4) $12-5x=3x-12$ 〔$x=3$〕

2 次の方程式を解きなさい。 4点×8〔32点〕

(1) $4x-21=x$

(2) $6-\frac{1}{2}x=4$

(3) $4-3x=-2-5x$

(4) $0.4x+3=x-\frac{3}{5}$

(5) $5(x+5)=10-8(3-x)$

(6) $0.6(x-1)=3.4x+5$

(7) $\frac{2}{3}x-\frac{1}{4}=\frac{5}{8}x-1$

(8) $\frac{x-2}{3}-\frac{3x-2}{4}=-1$

3 次の比例式を解きなさい。 4点×4〔16点〕

(1) $x:4=3:2$

(2) $9:8=x:32$

(3) $2:\frac{5}{6}=12:x$

(4) $(x+2):15=2:3$

4 1冊x円のノートを5冊買って1000円札を出したら，おつりが200円でした。ノート1冊の値段は何円ですか。 〔8点〕

解答 p.11

満点ゲット作戦
方程式を解いたら，その解を代入して，検算しよう。また，文章題では，何をxとおいて考えているのかをはっきりさせせよう。

ココが要点を再確認 0 ／ もう一歩 70 ／ 合格 85 ／ 100点

5 差がつく 長いすに生徒が5人ずつすわっていくと，8人の生徒がすわれません。また，生徒が6人ずつすわっていくと，最後の1脚にすわるのは2人になります。長いすの数をx脚として，次の問いに答えなさい。 7点×2〔14点〕

(1) xについての方程式をつくりなさい。

(2) 長いすの数と生徒の人数を求めなさい。

6 A，B 2つの容器にそれぞれ360 mLの水が入っています。いま，Aの容器からBの容器に何mLかの水を移したら，Aの容器とBの容器に入っている水の量の比は 4：5 になりました。 7点×2〔14点〕

(1) 移した水の量をxmLとして，xについての比例式をつくりなさい。

(2) Aの容器からBの容器に移した水の量を求めなさい。

1	(1)	(2)	(3)	(4)
2	(1)	(2)	(3)	
	(4)	(5)	(6)	
	(7)	(8)		
3	(1)	(2)	(3)	
	(4)			
4				
5	(1)	(2) 長いす　生徒		
6	(1)	(2)		

1	/16点	2	/32点	3	/16点	4	/8点	5	/14点	6	/14点

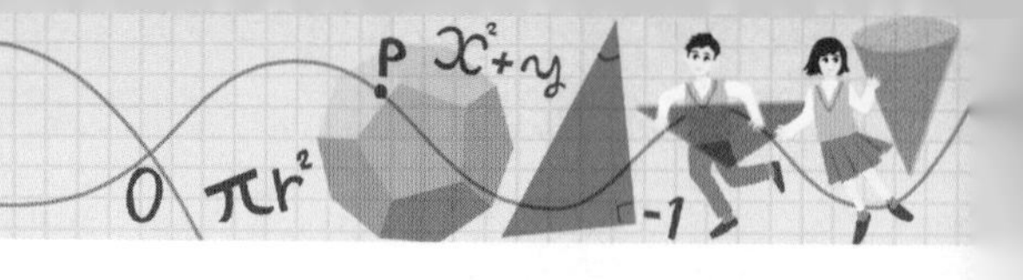

1 関数　2 比例(1)

テストに出る！ 教科書のココが要点

さらっとまとめ（赤シートを使って，□に入るものを考えよう。）

1 関数　教 p.130～p.132

・ともなって変わる 2 つの変数 x，y があって，x の値を決めると，それに対応する y の値がただ 1 つ決まるとき，［y は x の関数である］という。

・変数のとりうる値の範囲を［変域］という。

例 $0 \leqq x < 4$ を，数直線上に表すときは右のようにかく。

• はその数をふくむことを，◦ はその数をふくまないことを意味する。

2 比例　教 p.133～p.136

・比例…y が x の関数で，［$y=ax$］の式で表される関係。a を［比例定数］という。

・y が x に比例するとき，x の値が 2 倍，3 倍，…になると，y の値も［2 倍，3 倍，…］になる。

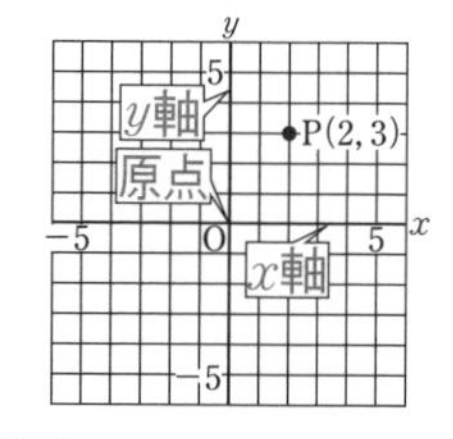

3 座標　教 p.137～p.138

・x 軸と y 軸を合わせて［座標軸］という。

・座標は，(○，□) の形で表す。

x 座標　y 座標

例　P(2，3)　……点 P は原点から右へ 2，上へ 3 だけ進んだところにある。

スピード確認（□に入るものを答えよう。答えは，下にあります。）

1

□ 空の水そうに 1 秒間に 0.3 L ずつ水を入れるとき，水を入れる時間 x の値を決めると，水そうの中に入る水の量 y の値がただ 1 つ決まるので，y は x の［①］である。
このとき，水を入れ始めてから x 秒後の水そうの中の水の量を y L とすると，$y=$［②］と表されるから，y は x に［③］するといえる。

★「$y=ax$」（a は 0 でない定数）の式で表されるとき，「比例する」という。

□ x の変域が -2 以上 5 以下のとき，不等号を使って，
-2［④］x［⑤］5 と表す。また，x の変域が -3 より大きく 1 未満のとき，-3［⑥］x［⑦］1 と表す。

★「$a \leqq$○，$a \geqq$○」は，a は○をふくむ。「$a<$○，$a>$○」は，a は○をふくまない。

3

□ 右の図の点 A の x 座標は［⑧］で y 座標は［⑨］だから，A(［⑧］，［⑨］) と表す。

y
4　A
O　4　x

①
②
③
④
⑤
⑥
⑦
⑧
⑨

答　①関数　②$0.3x$　③比例　④$\leqq$　⑤$\leqq$　⑥$<$　⑦$<$　⑧3　⑨4

解答 p.11

基礎力UP テスト対策問題

1 関数　次の(1)，(2)について，y を x の式で表し，比例定数を答えなさい。

(1)　1本80円の鉛筆を x 本買ったときの代金を y 円とする。

(2)　1辺が x cm の正三角形の周囲の長さを y cm とする。

2 変域　変数 x が次のような範囲の値をとるとき，x の変域を不等号を使って表しなさい。

(1)　−4以上3以下　　　(2)　0より大きく7未満

3 比例の式　次の問いに答えなさい。

(1)　y は x に比例し，$x=3$ のとき $y=6$ です。

①　y を x の式で表しなさい。

②　$x=-5$ のときの y の値を求めなさい。

(2)　y は x に比例し，$x=6$ のとき $y=-24$ です。

①　y を x の式で表しなさい。

②　$x=-5$ のときの y の値を求めなさい。

4 座標　右の図で，点A，B，C，Dの座標を答えなさい。

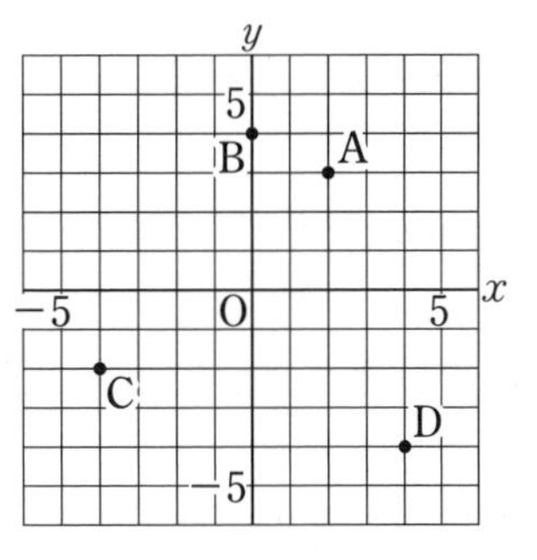

5 座標　次の点を，右の図にかき入れなさい。

E(4，5)　　F(−3，3)

G(−2，−4)　　H(3，−2)

テスト対策ナビ

思い出そう！

・a が b 以上
…$a \geqq b$

・a が b より大きい
…$a > b$

・a が b 以下
…$a \leqq b$

・a が b より小さい（a が b 未満）
…$a < b$

ポイント

比例の式の求め方

「y が x に比例する」
⇒ $y=ax$ と表せることを使う。
→ $y=ax$ に x と y の値を代入して，比例定数 a の値を求める。

点の座標では，左側の数字が x 座標だったね。

テストに出る！

予想問題 ①　4章 比例と反比例　1 関数　2 比例 (1)

20分　/12問中

1 よく出る　関数　次の㋐～㋔のうち，y が x の関数であるものを選び，記号で答えなさい。

㋐　底辺が 5 cm，高さが x cm の三角形の面積は y cm^2 である。

㋑　1辺が x cm の正方形の面積は y cm^2 である。

㋒　1辺が x cm のひし形の周囲の長さは y cm である。

㋓　身長が x cm の人の体重は y kg である。

㋔　半径 x cm の円の面積は y cm^2 である。

2 よく出る　変域　変数 x が次のような範囲の値をとるとき，x の変域を不等号を使って表しなさい。

(1)　−2 より大きく 5 より小さい　　(2)　−6 以上 4 未満

3 ともなって変わる 2 つの数量
右の表は，縦が 6 cm，横が x cm の長方形の面積を y cm^2 としたときの x と y の関係を表したものです。

x	0	3	6	9	12	15	…
y	0	18	36	①	②	③	…

(1)　表の①～③にあてはまる数を求めなさい。

(2)　x の値が 2 倍，3 倍，…になると，対応する y の値はそれぞれ何倍になりますか。

(3)　y を x の式で表しなさい。

(4)　y は x に比例するといえますか。

4 よく出る　比例の式　次のそれぞれについて，y を x の式で表し，その比例定数を答えなさい。

(1)　縦が x cm，横が 8 cm の長方形の面積を y cm^2 とする。

(2)　1 m の値段が 45 円の針金を x m 買ったときの代金を y 円とする。

(3)　分速 70 m で x 分間歩いたときに進んだ道のりを y m とする。

4 比例では，$x \neq 0$ のとき，$\dfrac{y}{x}$ の値は一定で，比例定数 a に等しい。

テストに出る！

予想問題 ②　4章 比例と反比例　2 比例 (1)

20分　/15問中

1 よく出る 比例の式の求め方　次の問いに答えなさい。

(1)　y は x に比例し，比例定数は 4 です。y を x の式で表しなさい。

(2)　y は x に比例し，$x=-4$ のとき $y=20$ です。y を x の式で表しなさい。

(3)　y は x に比例し，$x=6$ のとき $y=9$ です。$x=-4$ のときの y の値を求めなさい。

(4)　y は x に比例し，$x=2$ のとき $y=12$ です。$y=-8$ となる x の値を求めなさい。

2 比例を表す式　20 L のガソリンで 320 km の道のりを走ることができる自動車があります。この自動車が，x L のガソリンで y km 走るとして，次の問いに答えなさい。

(1)　y を x の式で表しなさい。

(2)　ガソリン 75 L では，何 km 走りますか。

(3)　400 km の道のりを走るには，何 L のガソリンが必要ですか。

3 よく出る 座標　次の問いに答えなさい。

(1)　右の図で，点 A，B，C，D の座標を答えなさい。

(2)　次の点を，右の図にかき入れなさい。

E(6，2)　　F(−3，7)

G(−2，0)　　H(7，−4)

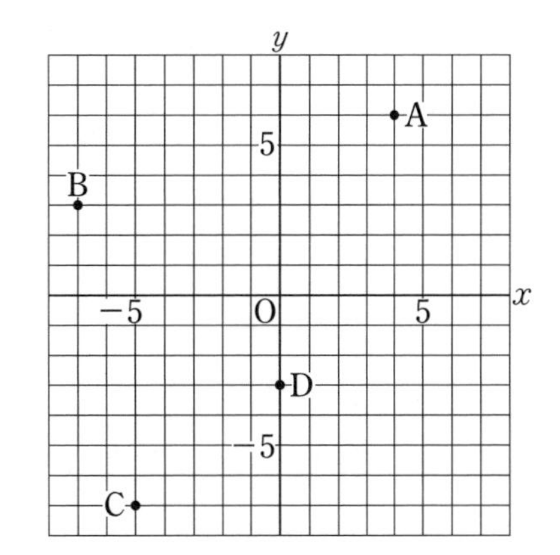

1 比例の式は，対応する 1 組の x，y の値を $y=ax$ に代入して，a の値を求める。

3 x 軸上の点→ y 座標が 0　　y 軸上の点→ x 座標が 0

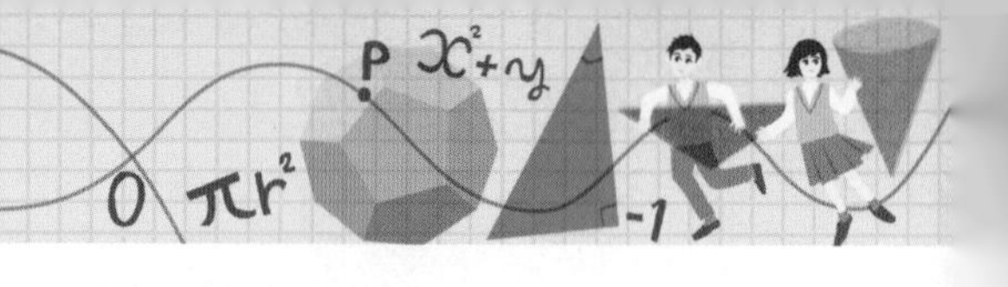

2 比例(2)　3 反比例　4 比例と反比例の利用

テストに出る! 教科書のココが要点

さらっとまとめ (赤シートを使って，□に入るものを考えよう。)

1 比例のグラフ 教 p.139〜p.143

・比例のグラフは，原点を通る直線である。

2 反比例 教 p.144〜p.151

・反比例…y が x の関数で，$y=\frac{a}{x}$ の式で表される関係。a を比例定数という。

・y が x に反比例するとき，x の値が 2 倍，3 倍，…になると，y の値は $\frac{1}{2}$ 倍，$\frac{1}{3}$ 倍，…になる。

・反比例のグラフを双曲線という。

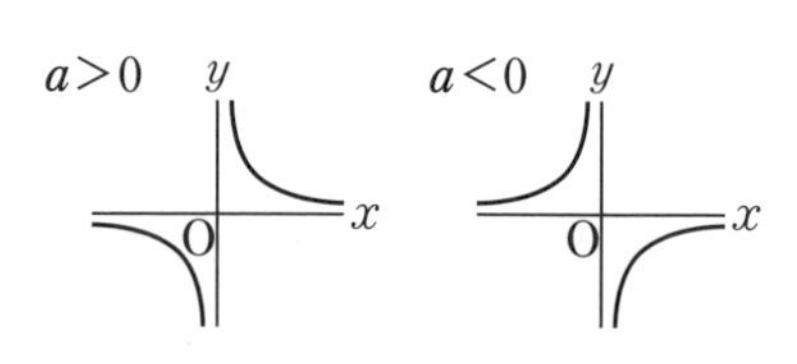

※「$y=\frac{a}{x}$」のグラフは，「右上と左下」または「左上と右下」の部分にある。

スピード確認 (□に入るものを答えよう。答えは，下にあります。)

1

□ $y=-2x$ のグラフは，原点と点 (1，①) を通る右下がりの②だから，右の図の㋐，㋑のうち，③の直線である。

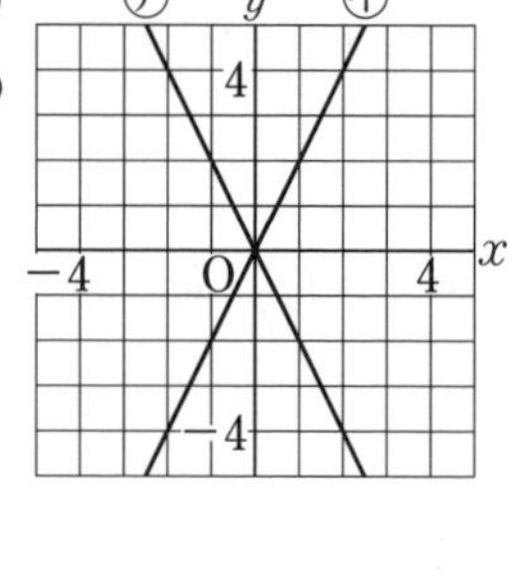

2

□ 面積が 20 cm² の長方形の縦の長さを x cm，横の長さを y cm とすると，x と y の関係は，$xy=$④ だから，$y=$⑤ と表される。

このように，$y=\frac{a}{x}$ の式で表されるとき，y は x に⑥するという。

★「$y=\frac{a}{x}$」(a は 0 でない定数) の式で表されるとき，「反比例する」という。

□ $y=\frac{4}{x}$ のグラフは，(4，1)，(2，2)，(1，4) のように多くの点をとって，なめらかに結んだ⑦だから，右の図の㋒，㋓のうち，⑧のグラフである。

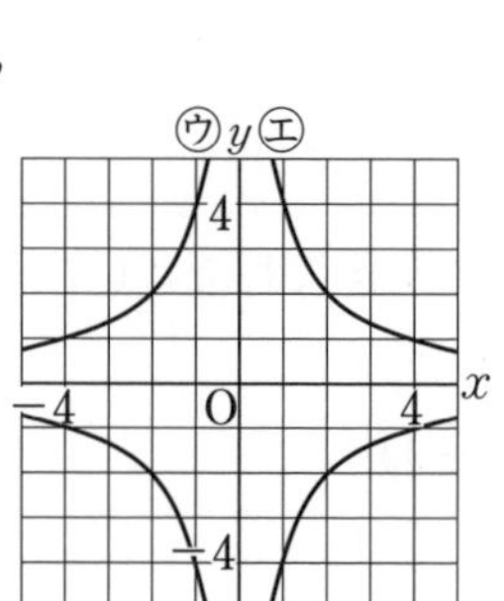

①______
②______
③______
④______
⑤______
⑥______
⑦______
⑧______

答 ①-2　②直線　③㋐　④20　⑤$\frac{20}{x}$　⑥反比例　⑦双曲線　⑧㋓

解答 p.12

基礎力UP テスト対策問題

1 比例のグラフ　次の比例のグラフを，右の図にかき入れなさい。

㋐ $y=\frac{1}{3}x$　　㋑ $y=-5x$

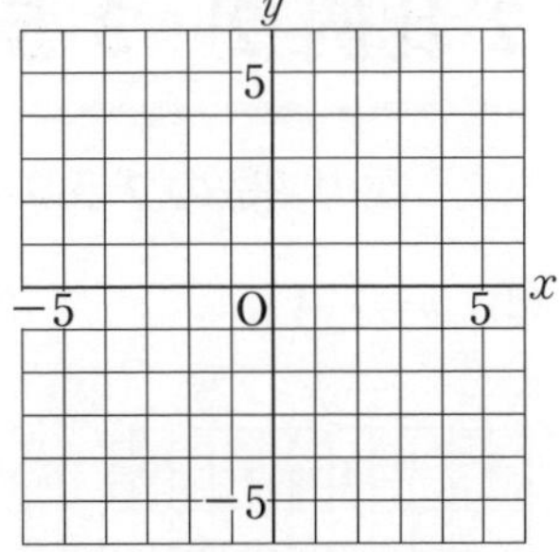

2 グラフから式を求める　右の図のグラフは比例のグラフです。y を x の式で表しなさい。

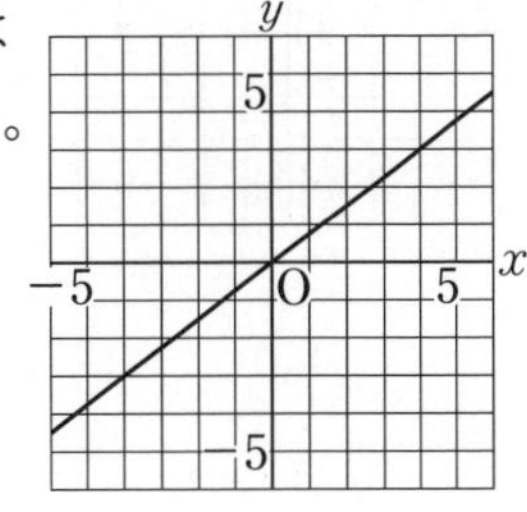

3 反比例　次の問いに答えなさい。

(1) 40 L 入る水そうに，1 分間に x L ずつ水を入れると，y 分で満水になります。y を x の式で表しなさい。

(2) y は x に反比例し，$x=4$ のとき $y=-3$ です。y を x の式で表しなさい。

(3) $y=-\frac{3}{x}$ のグラフを，右の図にかき入れなさい。

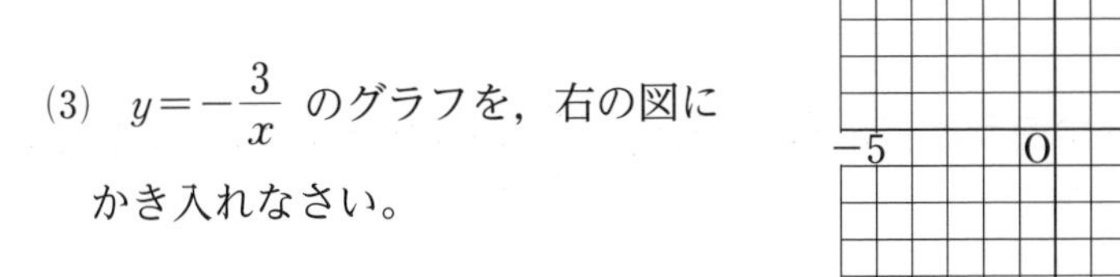

4 比例の利用　右の図のような正方形 ABCD があります。点 P は，B を出発して，秒速 1 cm で辺 BC 上を C まで動きます。点 P が B を出発してから x 秒後の三角形 ABP の面積を y cm^2 とします。

(1) y を x の式で表しなさい。

(2) x と y の変域をそれぞれ求めなさい。

テスト対策ナビ

絶対に覚える!

$y=ax$ のグラフは
■ $a>0$ のとき，右上がりのグラフ
■ $a<0$ のとき，右下がりのグラフ
になる。

グラフから，通る点の座標を読み取るんだね。

ポイント

反比例の式の求め方
「y が x に反比例する」
⇒ $y=\frac{a}{x}$ と表せることを使う。
→ $y=\frac{a}{x}$ に x と y の値を代入して，比例定数 a の値を求める。また，$xy=a$ として，a の値を求めてもよい。

ポイント

三角形 ABP の面積は，$\frac{1}{2}\times$BP$\times$AB

解答 p.13

テストに出る!

予想問題 1

4章 比例と反比例
2 比例 (2)　3 反比例

20分

/9問中

1 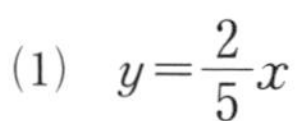 比例のグラフ　次の関数のグラフを，下の図にかき入れなさい。

(1) $y=\frac{2}{5}x$　(2) $y=-4x$　(3) $y=5x$　(4) $y=-\frac{1}{4}x$

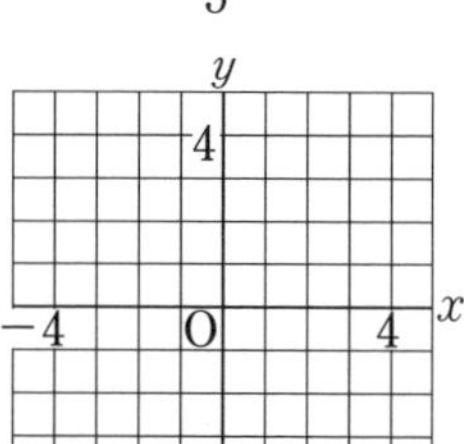

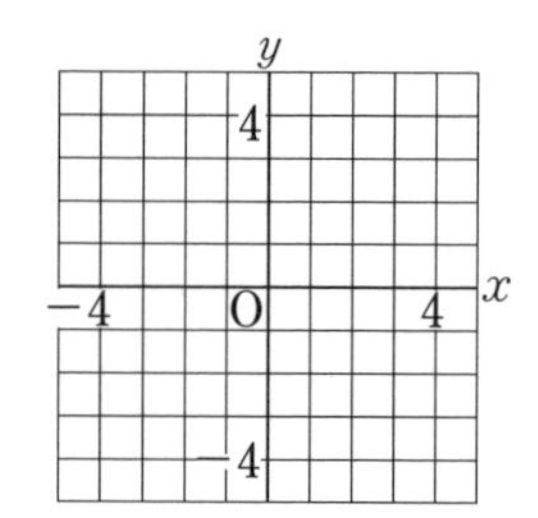

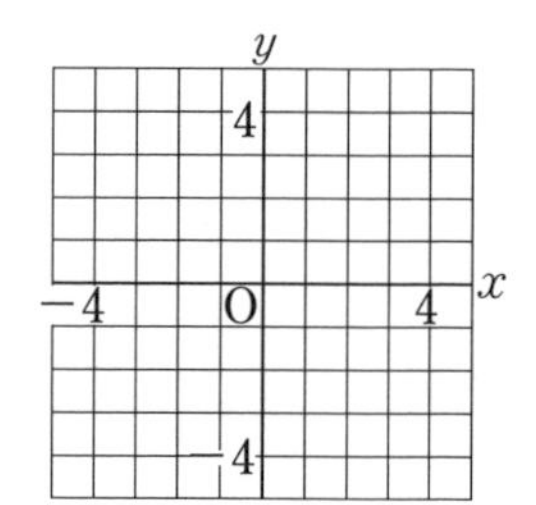

2 グラフからの式の求め方　右の図の(1)，(2)は比例のグラフです。それぞれについて，y を x の式で表しなさい。

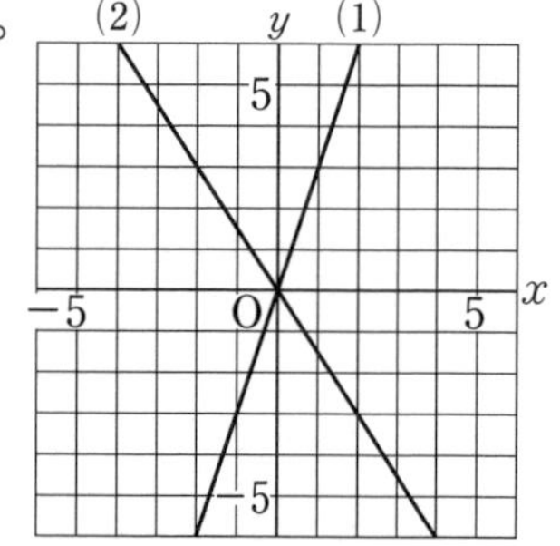

3 反比例する量　1日に0.6 L ずつ使うと，35日間使えるだけの灯油があります。これを1日に x L ずつ使うと y 日間使えます。

(1) y を x の式で表しなさい。

(2) 1日0.5 L ずつ使うとすると，何日間使えますか。

(3) 28日間でちょうど使い終わるには，1日に何Lずつ使えばよいですか。

2 グラフから式を求めるときは，x 座標，y 座標がともに整数である点の座標を読み取る。
3 (2) (1)で求めた式に $x=0.5$ を代入する。

テストに出る！

予想問題 ❷ 4章 比例と反比例 3 反比例 4 比例と反比例の利用

🕒20分 /8問中

1 よく出る 反比例のグラフ 次の関数のグラフを，下の図にかき入れなさい。

(1) $y=\dfrac{8}{x}$

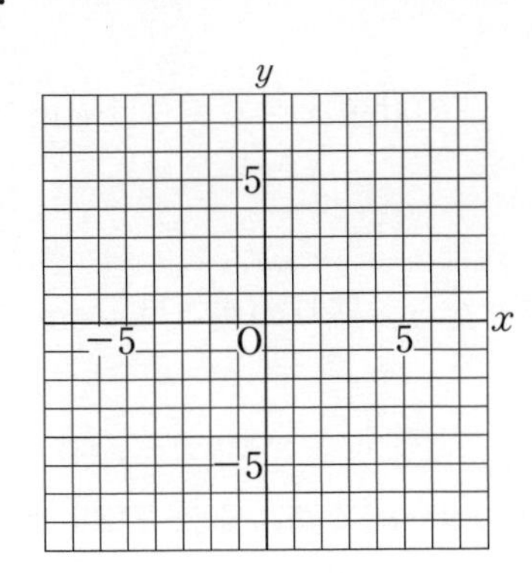

(2) $y=-\dfrac{8}{x}$

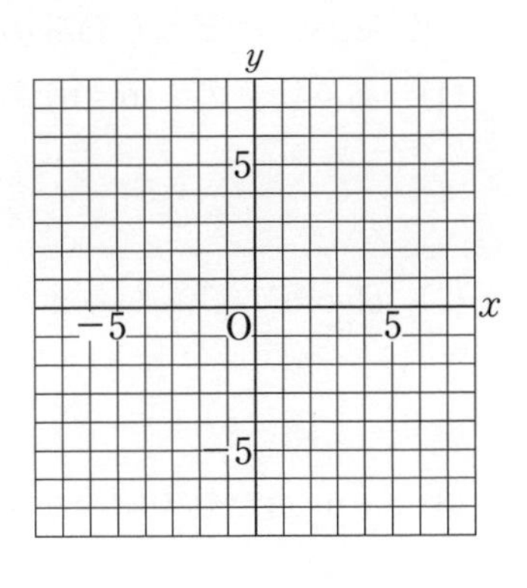

2 よく出る 反比例の式の求め方 次の問いに答えなさい。

(1) y は x に反比例し，比例定数は -20 です。y を x の式で表しなさい。

(2) y は x に反比例し，$x=-3$ のとき $y=-5$ です。y を x の式で表しなさい。

(3) y は x に反比例し，$x=-6$ のとき $y=4$ です。$x=8$ のときの y の値を求めなさい。

(4) 右の図の反比例のグラフについて，y を x の式で表しなさい。

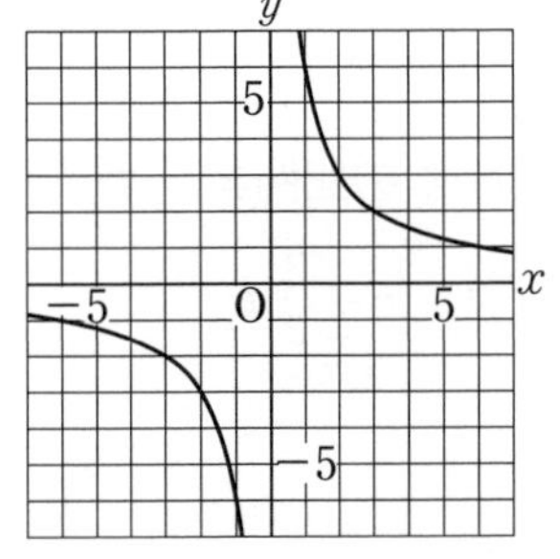

3 比例と反比例の利用 1枚の重さが同じコピー用紙50枚の重さを調べたところ，200 g でした。コピー用紙 x 枚の重さを y g として，次の問いに答えなさい。

(1) y を x の式で表しなさい。

(2) このコピー用紙を2000枚使用する予定です。コピー用紙は何 g そろえておけばよいですか。

2 反比例の式は，対応する1組の x，y の値を $y=\dfrac{a}{x}$ または $xy=a$ に代入して，a の値を求める。

テストに出る！

章末予想問題　4章　比例と反比例

30分　/100点

1 次のそれぞれについて，y を x の式で表し，y が x に比例するものには○，反比例するものには△，どちらでもないものには×をつけなさい。　4点×6〔24点〕

(1) ある針金の1m当たりの重さが20gのとき，この針金 x gの長さは y mである。

(2) 50cmのひもから x cmのひもを3本切り取ったら，残りの長さは y cmである。

(3) 1m当たりの値段が x 円のリボンを買うとき，300円で買える長さは y mである。

2 次の問いに答えなさい。　8点×2〔16点〕

(1) y は x に比例し，$x=-12$ のとき $y=-8$ です。$x=4.5$ のときの y の値を求めなさい。

(2) y は x に反比例し，$x=8$ のとき $y=-3$ です。$y=-2$ のときの x の値を求めなさい。

3 次の比例または反比例のグラフをかきなさい。　6点×4〔24点〕

(1) $y=\frac{3}{2}x$　(2) $y=\frac{18}{x}$　(3) $y=-\frac{4}{3}x$　(4) $y=-\frac{18}{x}$

4 差がつく　歯の数40の歯車が1分間に18回転しています。これにかみ合う歯車の歯の数を x，1分間の回転数を y として，次の問いに答えなさい。　6点×3〔18点〕

(1) y を x の式で表しなさい。

(2) かみ合う歯車の歯の数が36のとき，その歯車の1分間の回転数を求めなさい。

(3) かみ合う歯車を1分間に15回転させるためには，歯の数をいくつにすればよいですか。

解答 p.14

満点ゲット作戦

比例と反比例の式の求め方とグラフの形やかき方を覚えよう。また，求めた式が比例か反比例かは，式の形で判断しよう。

ココが要点を再確認　もう一歩　合格
0　70　85　100点

5 姉と妹が同時に家を出発して，家から **1800 m** 離れた図書館に行きます。姉は分速 **200 m**，妹は分速 **150 m** で自転車に乗って行きます。　6点×3〔18点〕

(1) 家を出発してから x 分後に，家から y m 離れたところにいるとして，姉と妹が進むときのグラフをかきなさい。

(2) 姉と妹が 300 m 離れるのは，家を出発してから何分後ですか。

(3) 姉が図書館に着いたとき，妹は図書館まであと何 m のところにいますか。

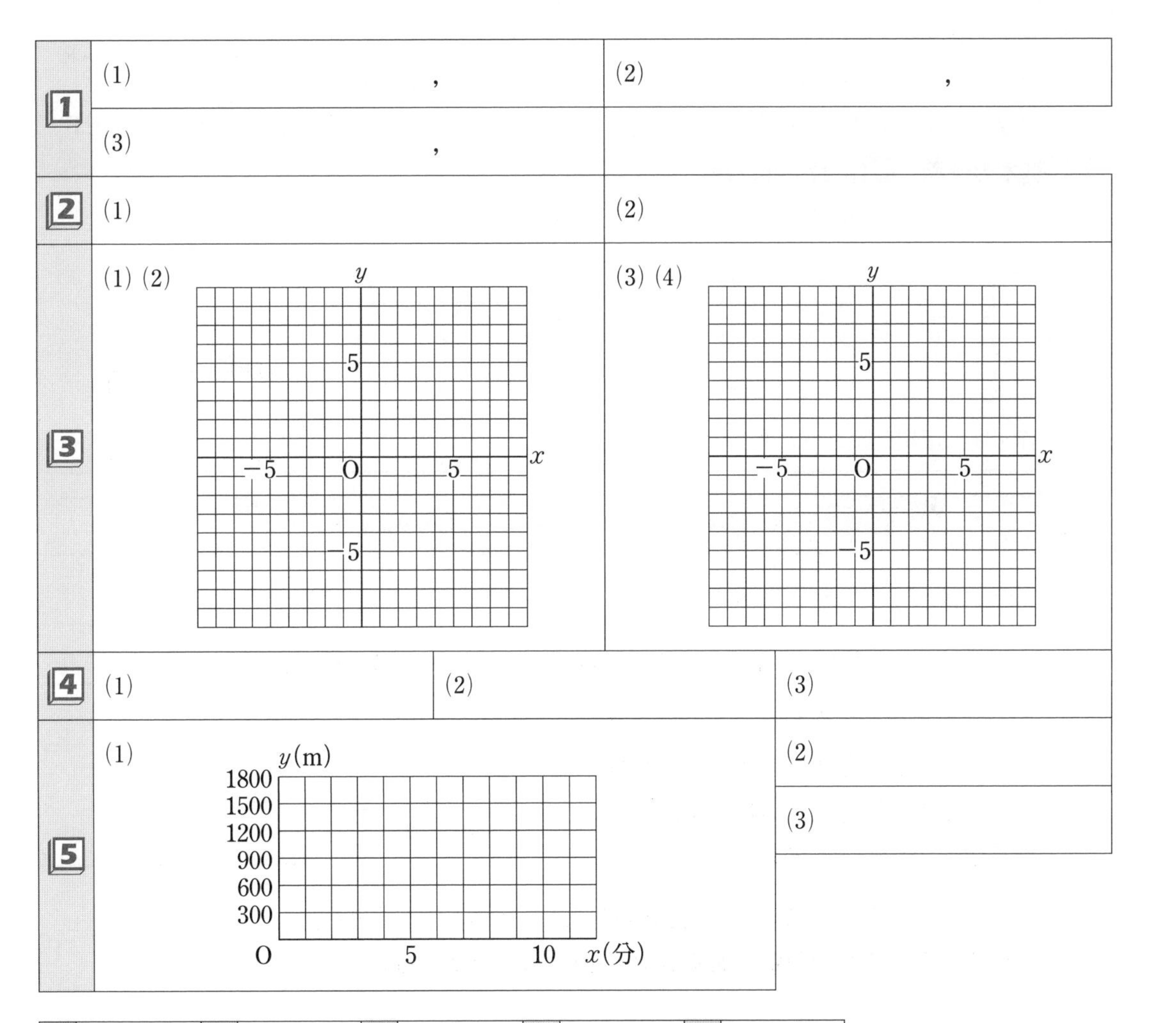

1	2	3	4	5
/24点	/16点	/24点	/18点	/18点

1 いろいろな角の作図 (1)

テストに出る! 教科書のココが要点

さらっとまとめ (赤シートを使って，□に入るものを考えよう。)

1 垂直二等分線・垂線・角の二等分線 教 p.168～p.176

・直線 AB　A　B　・線分 AB　A　B　・半直線 AB　A　B

・点Aと点Bを結ぶ線のうち，線分 AB の長さがもっとも短くなる。
このとき，線分 AB の長さを，2 点 A，B 間の［距離］という。

・右の図のように，AM＝BM のとき，点 M を線分 AB の［中点］という。

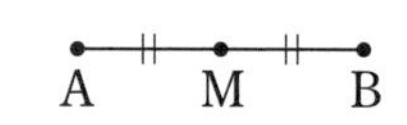

・2 直線 ℓ，m が交わってできる角が直角のとき，ℓ［⊥］m と表す。

・2 直線が垂直であるとき，一方を他方の［垂線］という。

・線分 AB の中点を通り，線分 AB に垂直な直線 ℓ を線分 AB の［垂直二等分線］という。

・右の図のように，半直線 OR が ∠AOB を 2 等分しているとき，半直線 OR を［角の二等分線］という。

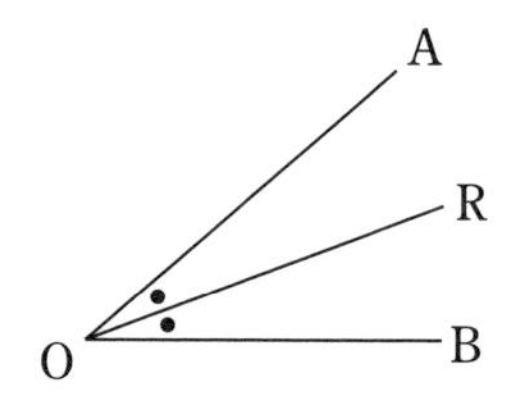

2 基本の作図 教 p.170～p.176

・垂直二等分線

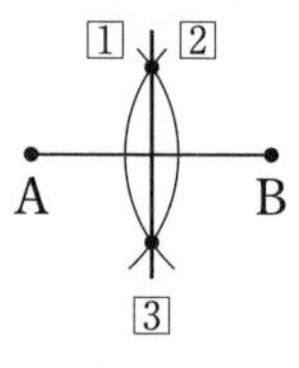

・垂線①

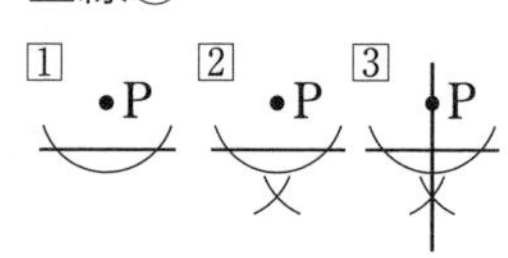

・垂線②

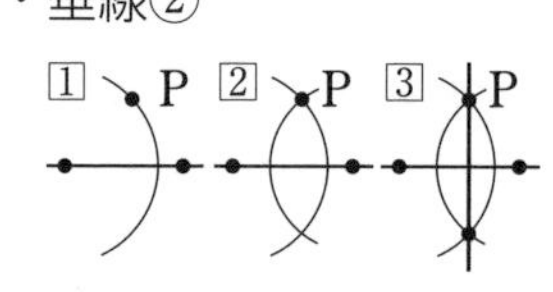

・角の二等分線

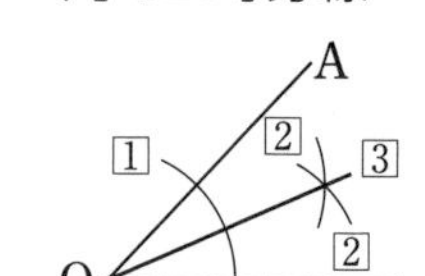

※作図は，定規とコンパスだけを使ってかく。

スピード確認 (□に入るものを答えよう。答えは，下にあります。)

1

□ 2 つの線が交わってできる点を［①］という。

□ 2 点 A，B から等しい距離にある点は，線分 AB の［②］上にある。

□ 右の図のように，直線 ℓ 上にない点P から ℓ に垂線を引き，ℓ との交点をH とするとき，線分 PH の長さを点Pと直線 ℓ との［③］という。

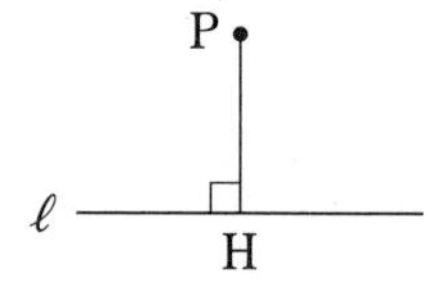

□ 角の二等分線上の点は，角の 2 辺から等しい［④］にある。また，角の 2 辺から等しい距離にある点は，その［⑤］上にある。

①＿＿＿＿
②＿＿＿＿
③＿＿＿＿
④＿＿＿＿
⑤＿＿＿＿

答 ①交点　②垂直二等分線　③距離　④距離　⑤角の二等分線

基礎力UP テスト対策問題

1 距離　右の図の点A～Fについて，答えなさい。

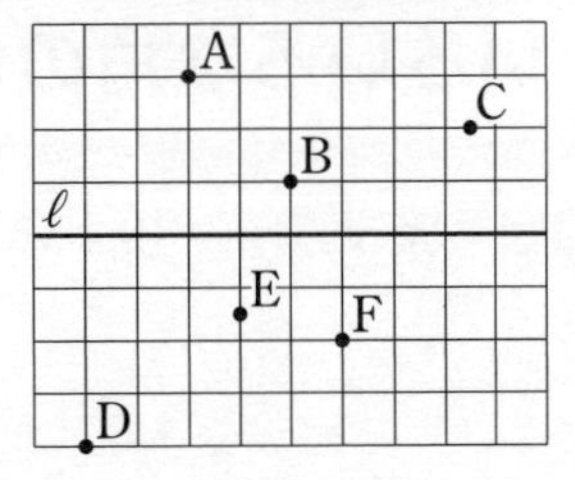

(1) 直線ℓまでの距離がもっとも長いのはどの点ですか。

(2) 直線ℓまでの距離がもっとも短いのはどの点ですか。

2 基本の作図　右の図の△ABCで，次の作図をしなさい。

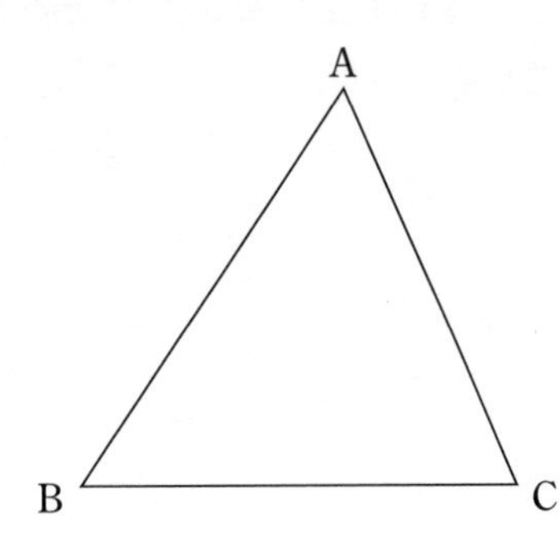

(1) 頂点Cから辺ABへの垂線

(2) 辺ACの垂直二等分線

(3) ∠BACの二等分線

3 角の作図　次の作図をしなさい。

(1) 線分ABを1辺とする正三角形ABCと，∠PAB=30°となる辺BC上の点P

A ―――――――― B

(2) ∠AOP=90°でAO=POとなる△AOPと，∠BOQ=135°となる辺AP上の点Q

A　　O　　B

テスト対策ナビ

ポイント

・**点と点の距離**
点Pと点Qの距離は，線分PQの長さ。

・**点と直線との距離**
点Pと直線ℓとの距離は，点Pから直線ℓに垂線を引き，直線ℓとの交点をHとしたとき，線分PHの長さ。

作図で使えるのは定規とコンパスだけだよ。

ポイント

角の作図をするときは，次のように角を考えるとよい。

45°=90°÷2
30°=60°÷2
75°=30°+45°
　=60°+15°
105°=60°+45°
135°=90°+45°
　=180°−45°

テストに出る！
予想問題　5章 平面図形　1 いろいろな角の作図 (1)

🕒20分　/7問中

1 よく出る　基本の作図　線分 AB の中点 M を作図しなさい。

A　　　　　　　　B

2 よく出る　基本の作図　直線 ℓ 上にない点 P を通る直線 ℓ の垂線を，次の図を利用して 2 通りの方法で作図しなさい。

(方法 1)　• P

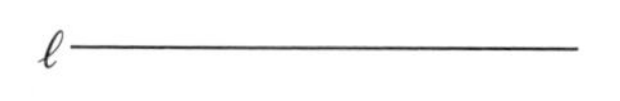

(方法 2)　• P

3 よく出る　角の二等分線の作図　次の作図をしなさい。

(1)　∠AOB の二等分線

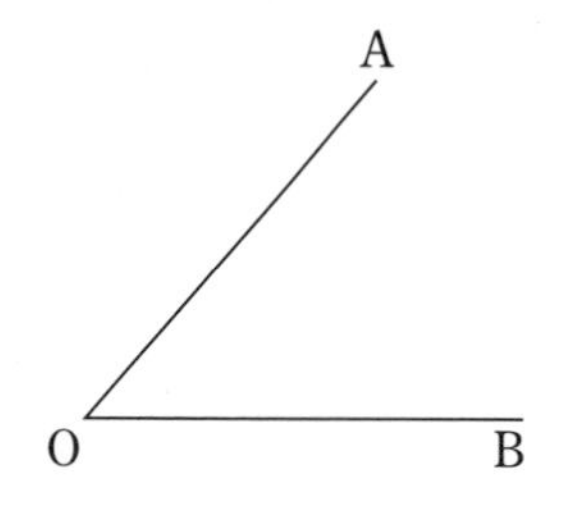

(2)　点 O を通る直線 AB の垂線

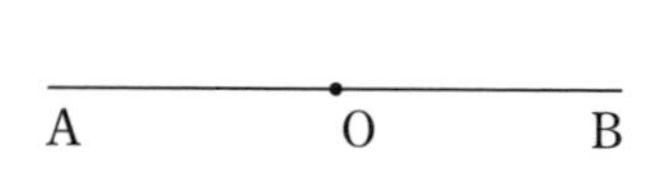

4 作図の利用　下の △ABC で，次の作図をしなさい。

(1)　辺 BC を底辺とするときの高さを表す線分 AH

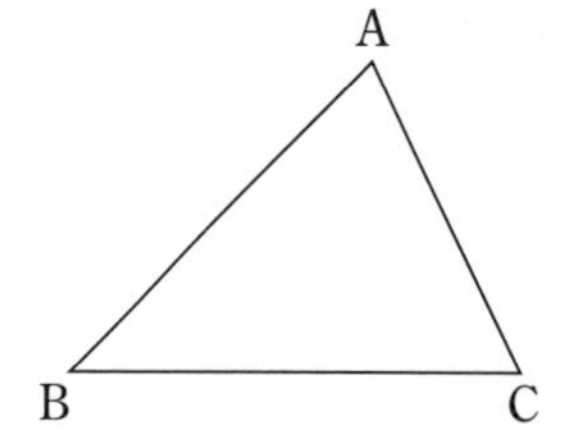

(2)　辺 BC 上にあって，辺 AB，AC から等しい距離にある点 P

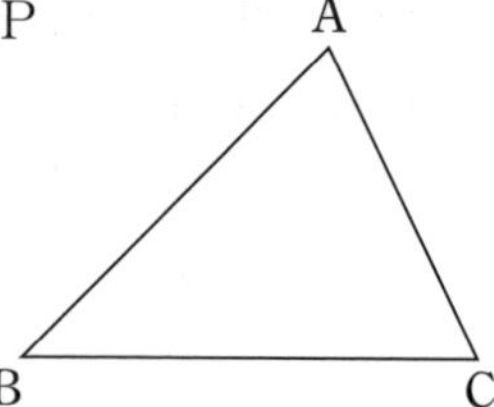

2 (1)はひし形の対角線を利用し，(2)はたこ形の対角線を利用する。

4 (2)　角の二等分線上の点は，角の 2 辺から等距離にあることを使う。

1 いろいろな角の作図 (2)　2 図形の移動

テストに出る! 教科書のココが要点

さらっとまとめ (赤シートを使って，□に入るものを考えよう。)

1 作図の利用 教 p.177〜p.182

・平面上の 2 直線 ℓ，m が交わらないとき，2 直線 ℓ，m は平行であるという。このとき，記号 // を使って $\ell /\!/ m$ と表す。

・三角形 ABC を記号△を使って △ABC と表す。

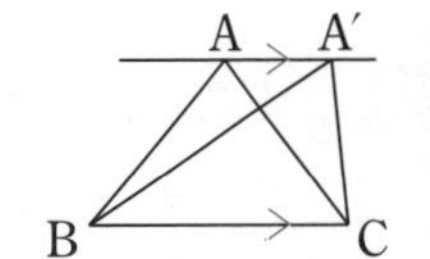

・線分 BC を共通の底辺とする △ABC と △A′BC において，
　AA′ // BC ならば，△ABC＝△A′BC

・円周の一部分を 弧 といい，記号 ⌒ を使って，$\overset{\frown}{AB}$ と表す。
また，円周上の 2 点を結ぶ線分を 弦 といい，両端が A，B である弦を，弦 AB という。

・円と直線が 1 点だけを共有するとき，円と直線は 接する といい，共有する点を 接点，接する直線を 接線 という。

2 図形の移動 教 p.184〜p.188

・平行移動

AD ＝ BE ＝ CF，

AD // BE // CF

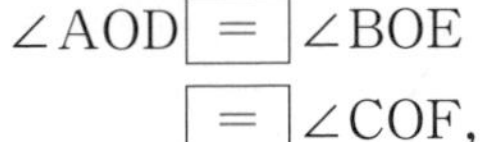
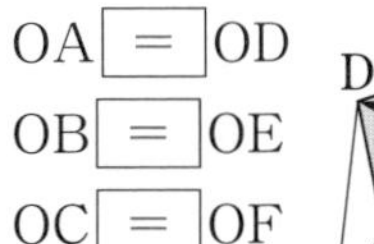

・回転移動

∠AOD ＝ ∠BOE ＝ ∠COF，

OA ＝ OD

OB ＝ OE

OC ＝ OF

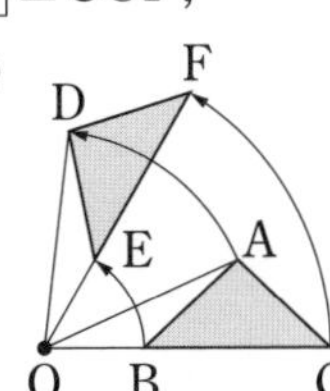

・対称移動

AG ＝ DG＝$\frac{1}{2}$AD，

ℓ ⊥ AD

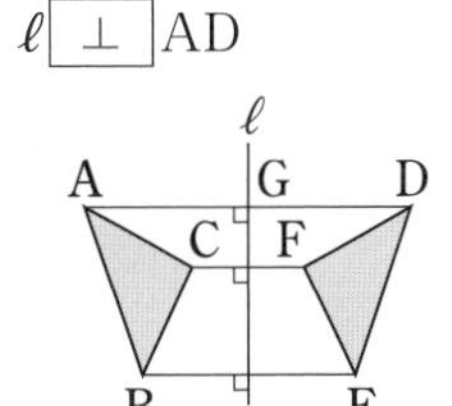

スピード確認 (□に入るものを答えよう。答えは，下にあります。)

2

□ 図形を，一定の方向に一定の距離だけ動かす移動を ① 移動という。① 移動では，対応する点を結ぶ線分は ② で，その長さが等しい。

□ 図形を，1 つの点を中心として一定の角度だけ回転させる移動を ③ 移動といい，中心とした点を回転の ④ という。

□ 図形を，1 つの直線を折り目として折り返す移動を ⑤ 移動といい，折り目とした直線を ⑥ という。⑤ 移動では，対応する点を結ぶ線分は，⑥ によって，⑦ に 2 等分される。

①
②
③
④
⑤
⑥
⑦

答 ①平行 ②平行 ③回転 ④中心 ⑤対称 ⑥対称の軸 ⑦垂直

解答 p.15

基礎力UP テスト対策問題

1 平行線と面積　**AD∥BC である台形 ABCD の 2 つの対角線の交点を O とするとき，次の三角形と面積の等しい三角形を答えなさい。**

(1)　△DBC

(2)　△ADC

(3)　△DCO

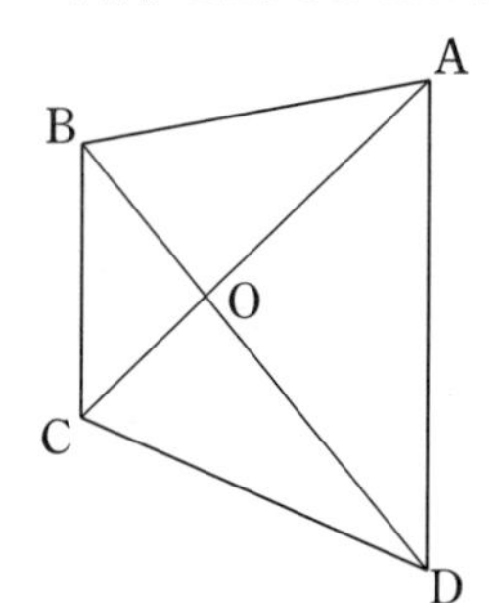

2 作図の利用　**次の作図をしなさい。**

(1)　円Oの周上にある点A
を通る接線

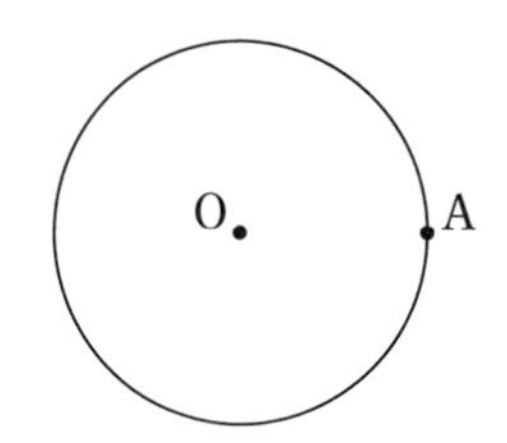

(2)　点Oを中心とし，
直線 ℓ に接する円

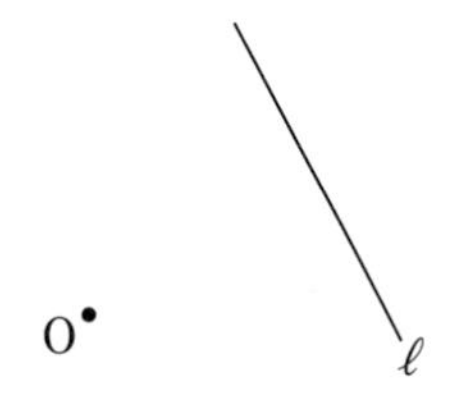

3 線対称な図形　**右の図は，直線 ℓ を対称の軸として対称移動した図形です。**

(1)　辺 BC に対応する辺はどれですか。

(2)　∠GFE に対応する角はどれですか。

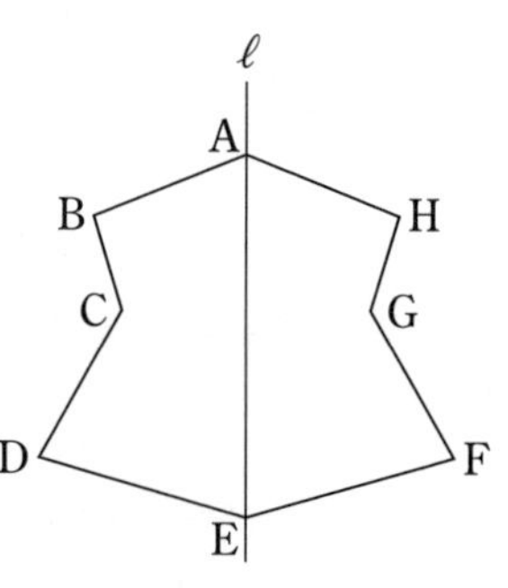

(3)　次の□にあてはまる記号を答えなさい。

AB ①□ AH，DE ②□ FE

直線 ℓ ③□ BH，BH ④□ CG ⑤□ DF

テスト対策ナビ

絶対に覚える！

線分 BC を共通の底辺とする △ABC と △A′BC において，AA′∥BC ならば，△ABC＝△A′BC

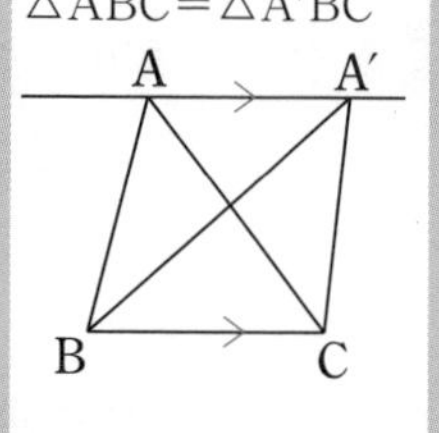

ポイント

円の接線は，接点を通る半径と垂直になっていることを利用して，作図する。

思い出そう！

■線対称な図形
ある直線を折り目として折り返したとき，両側の図形が重なり合う図形。

■点対称な図形
点 **O** を中心として **180°** 回転させたとき，もとの図形と重なり合う図形。
※ **180°** 回転させる移動を，**点対称移動**という。

テストに出る!

予想問題 ❶　5章 平面図形　1 いろいろな角の作図 (2)

⏱20分　/6問中

1 平行な直線の作図　右の図で，点Pを通る直線 ℓ に平行な直線 m を作図しなさい。

P

ℓ

2 平行線と面積　右の図で，$\ell /\!/ m$ のとき，次の問いに答えなさい。

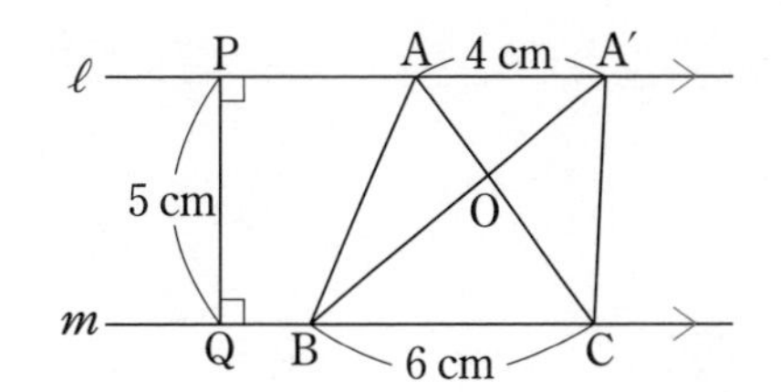

(1) 直線 ℓ と直線 m の距離を求めなさい。

(2) 面積が 15 cm^2 の三角形を 2 つ答えなさい。

(3) 面積が 10 cm^2 の三角形を 2 つ答えなさい。

(4) △ABO と面積が等しい三角形を答えなさい。

3 よく出る　平行線と面積　右の四角形 ABCD と面積の等しい △ABD′ を作図しなさい。

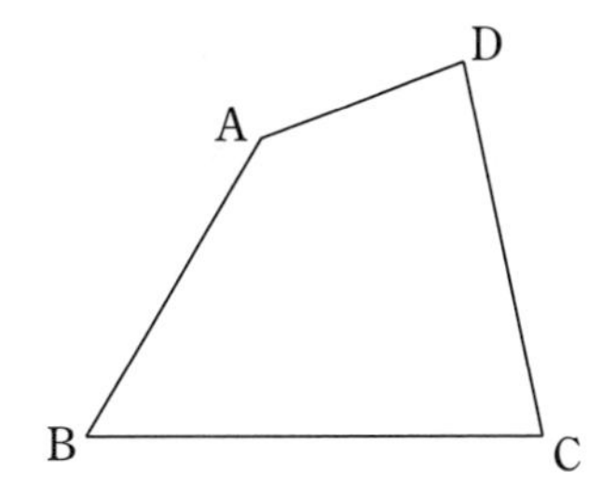

1 ひし形の向かい合う辺は平行だから，ひし形の作図を考える。
3 点Dを通り AC に平行な直線と，辺 BC の延長との交点を D′ とすると，△DAC＝△D′AC

テストに出る！

予想問題 ❷　5章 平面図形　1 いろいろな角の作図 (2)

🕓20分　/3問中

1 円と接線　右の図のように，∠XOY と，辺 OY 上に点Aがあります。このとき，中心が∠XOY の二等分線上にあり，辺 OY と点Aで接する円を作図しなさい。

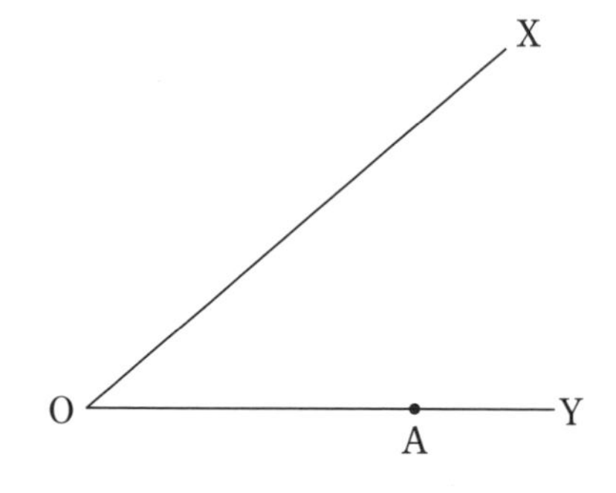

2 円と接線　右の図で，点Pで直線 ℓ に接する円のうち，点Qを通る円Oを作図しなさい。

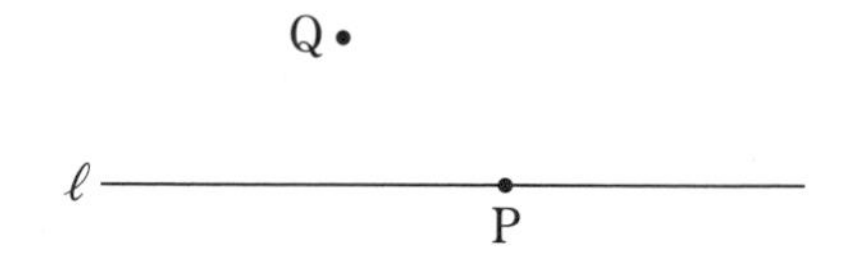

3 よく出る　円の中心　右の図のような 3 点 A，B，C を通る円Oを作図しなさい。

B•

A•　　　　•C

2 点Pを通る ℓ の垂線と，線分 PQ の垂直二等分線の交点が中心Oになる。
3 線分 AB，BC，CA のいずれか 2 つの垂直二等分線の交点が中心Oになる。

テストに出る！

予想問題 ③　5章 平面図形　2 図形の移動

20分　/6問中

1 図形の移動　次の図形をかきなさい。

(1)　△ABC を点Oを中心として 180° 回転移動させた DEF。

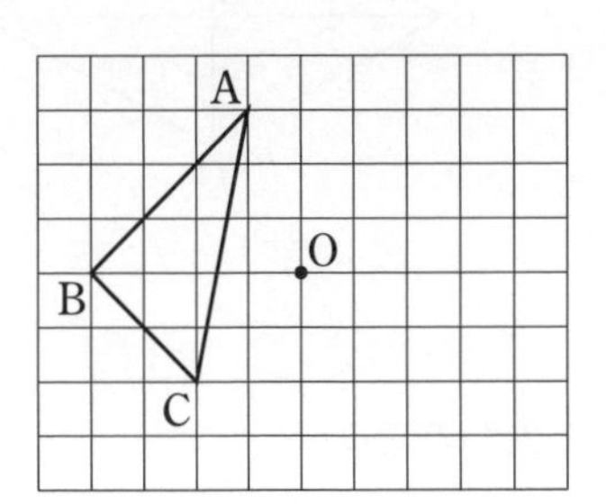

(2)　△ABC を直線 ℓ を対称の軸として対称移動させた △DEF。

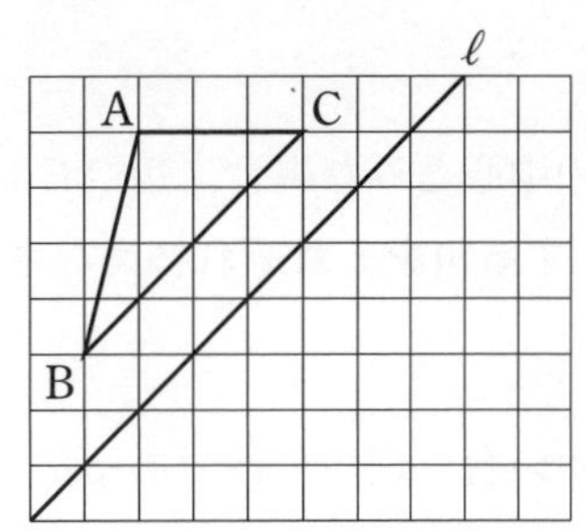

2 よく出る　図形の移動　右の図の △ABC を，矢印の方向に矢印の長さだけ平行移動させた △DEF をかきなさい。

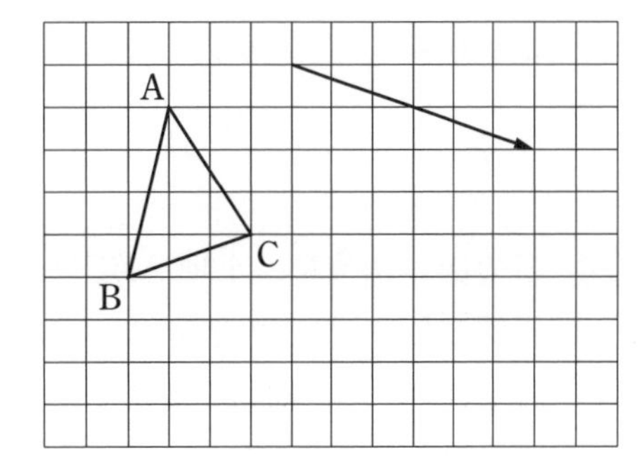

3 図形の移動　右の図は，△ABC を頂点Aが点Dに重なるまで平行移動させ，次に点Dを中心として時計回りと反対の方向に 90° 回転移動させたものです。

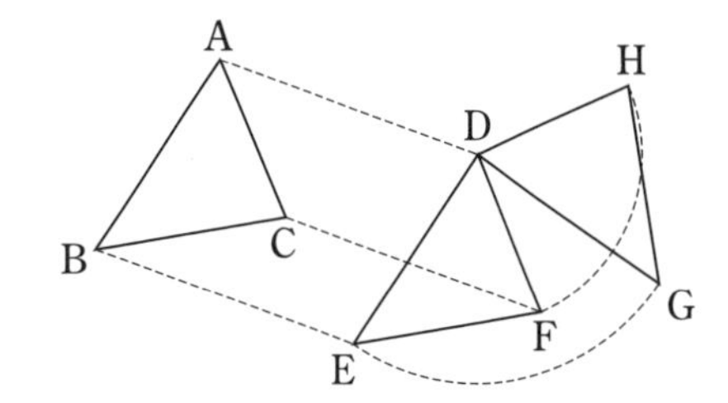

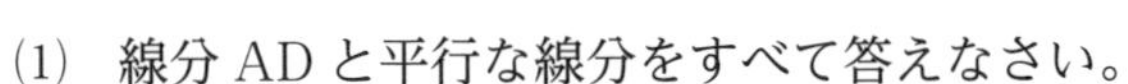
(1)　線分 AD と平行な線分をすべて答えなさい。

(2)　図の中で，大きさが 90° の角をすべて答えなさい。

(3)　辺 AB と長さの等しい辺をすべて答えなさい。

1 (2)　各点から対称の軸に垂線を引き，点と軸との距離が等しい点を軸の反対側にとる。
3 (2)　回転移動では，対応する点と回転の中心を結んでできる角の大きさは，すべて等しい。

テストに出る！

章末予想問題 5章 平面図形

30分

/100点

1 右のひし形 ABCD について，次の問いに答えなさい。 6点×6〔36点〕

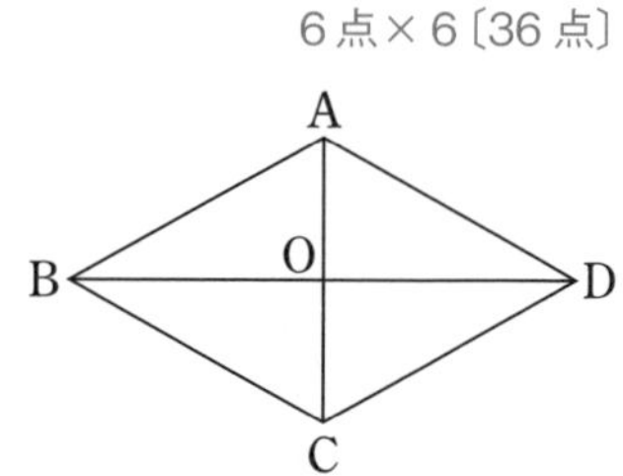

(1) 対角線 BD を対称の軸とみた場合，辺 AB に対応する辺，∠BCD に対応する角をそれぞれ答えなさい。

(2) 点Oを回転の中心とみた場合，辺 AB に対応する辺，∠ACD に対応する角をそれぞれ答えなさい。

(3) ひし形の向かい合う辺が平行であることを，記号を使って表しなさい。

(4) △AOD を，点Oを回転の中心として回転移動して △COB に重ねるためには，何度回転させればよいですか。

2 右の図のように，土地 ABCD が折れ線 PQR を境界線として，2つの部分㋐，㋑に分かれています。それぞれの土地の面積を変えずに，点Rを通る直線で境界線を引き直しなさい。 〔14点〕

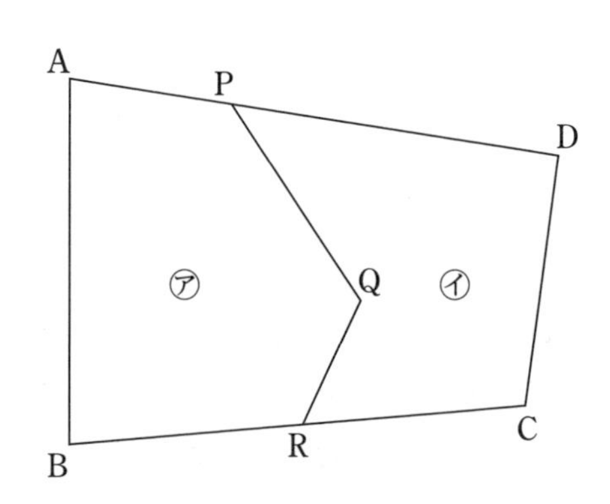

3 右の図1のような長方形 ABCD を，頂点Aと頂点Cが重なるように折り返したのが図2です。 10点×2〔20点〕

図1

図2

(1) ∠AEF＝63° のとき，∠AEB の大きさを求めなさい。

(2) 図2にある折り目の線分 EF を作図しなさい。

解答 p.16

満点ゲット作戦
いろいろな作図のしかたを身につけよう。垂直二等分線や角の二等分線の考え方の使い分けができるようにしていこう。

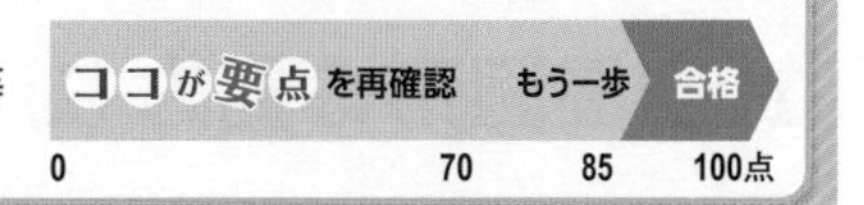

4 次の作図をしなさい。 15点×2〔30点〕

(1) 中心が直線 ℓ 上にあって，2点A，Bが周上にある円O

(2) 差がつく 直線 ℓ 上にあって，AP+PBが最小となる点P

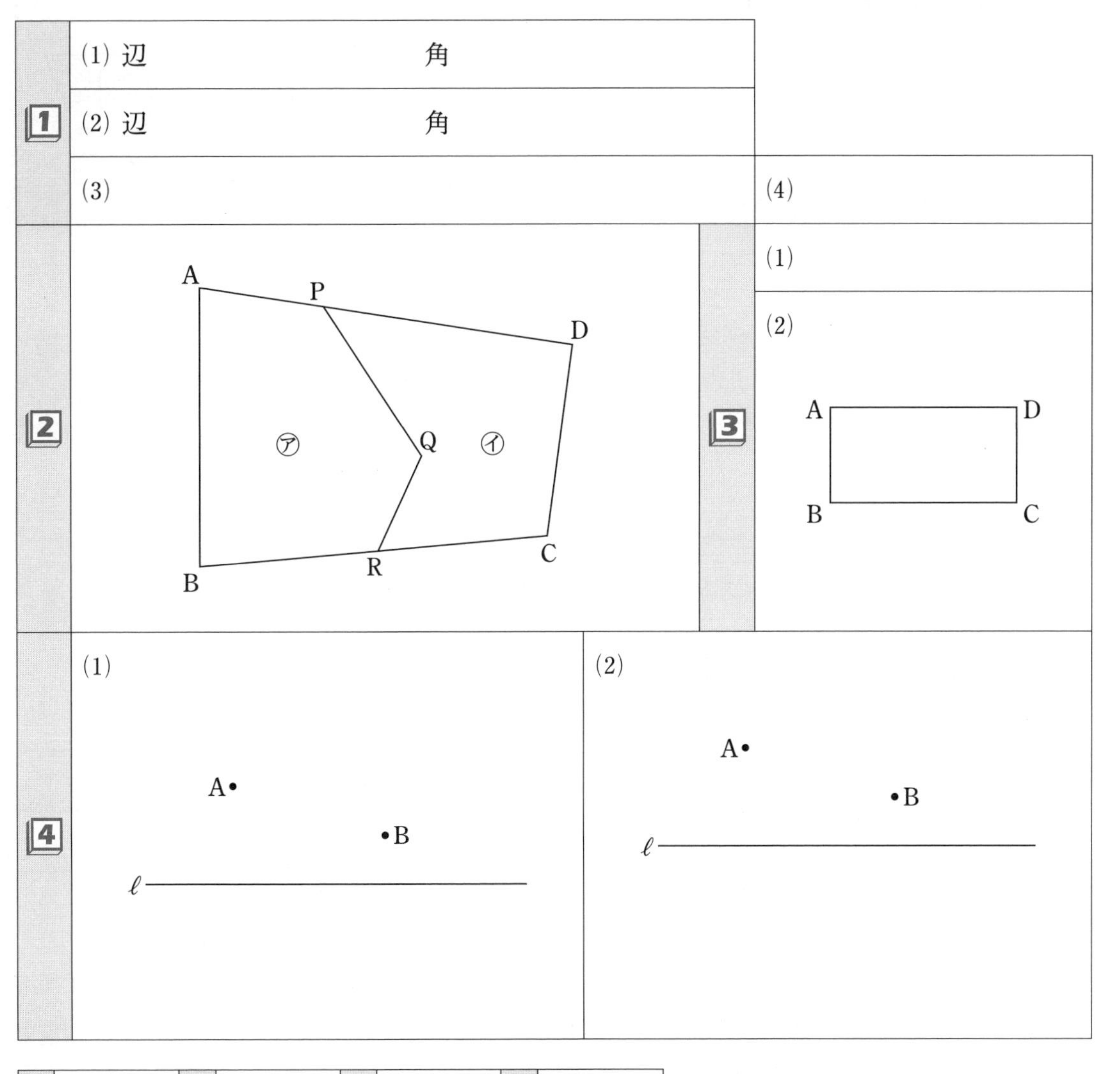

1 /36点	2 /14点	3 /20点	4 /30点

1 空間図形の見方 (1)

テストに出る！ 教科書のココが要点

さらっとまとめ（赤シートを使って，□に入るものを考えよう。）

1 いろいろな立体 教 p.196～p.200

・立体をある方向から見て平面に表した図を 投影図 といい，正面から見た 立面図 と，真上から見た 平面図 を組にして表すことが多い。

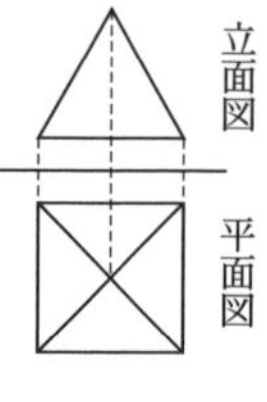

・正多面体… 5 種類ある。

正四面体　正六面体（立方体）　正八面体　正十二面体　正二十面体

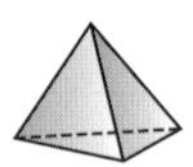
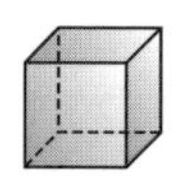
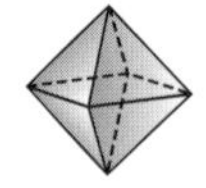
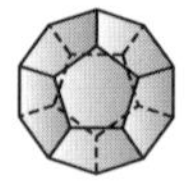
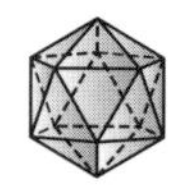

2 直線と平面 教 p.201～p.206

・空間内の 2 直線…交わる/平行/ねじれの位置

交わらない

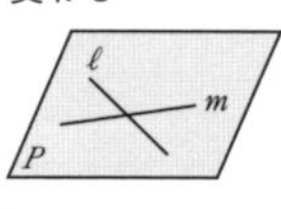

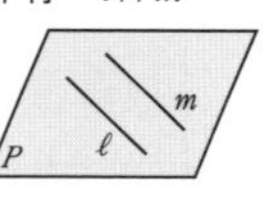

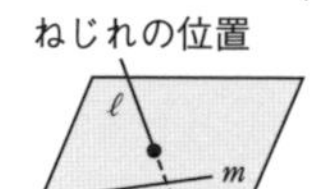

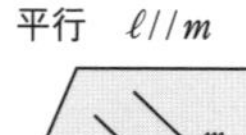

同じ平面上にある　同じ平面上にない

・直線 ℓ が平面Pと点Oで交わり，Oを通るP上のすべての直線と垂直であるとき，直線 ℓ と平面Pは 垂直 である。

ℓ⊥P

・直線と平面…平面上にある/交わる/交わらない

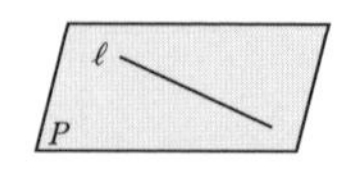

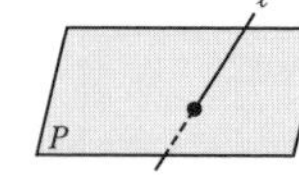

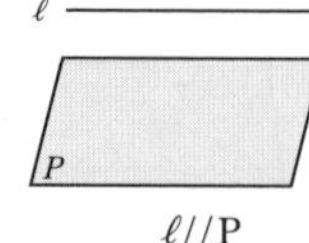

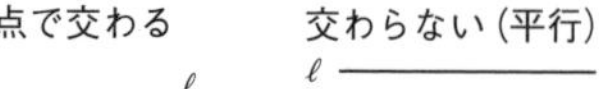

・ 2 平面…交わる/平行

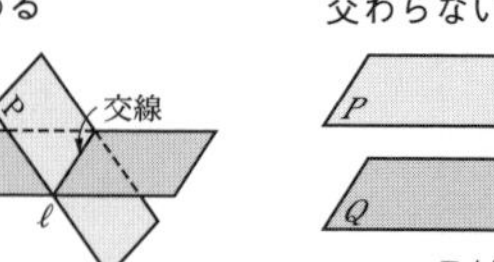

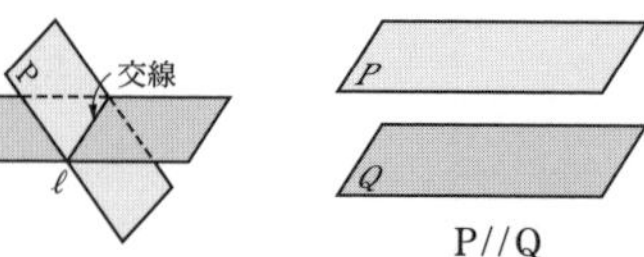

スピード確認（□に入るものを答えよう。答えは，下にあります。）

2

□ 2 点をふくむ平面は 1 つに決まらないが，一直線上にない 3 点をふくむ平面は 1 つに ① 。

★一直線上にない 3 点が決まれば，平面は 1 つに決まる。

□ 右の立方体で，辺 AB は辺 HG と ② で，辺 AB は辺 BF と ③ である。面 AEFB と面 BFGC は ④ で，面 AEFB と面 DHGC は ⑤ である。また，辺 AB は辺 CG と ⑥ にある。

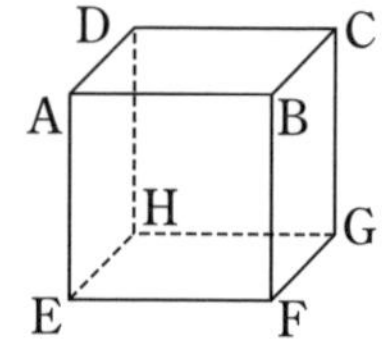

★平行でなく交わらない直線が「ねじれの位置」にある。

①
②
③
④
⑤
⑥

答 ①決まる ②平行 ③垂直 ④垂直 ⑤平行 ⑥ねじれの位置

解答 p.17

基礎力UP テスト対策問題

1 いろいろな立体　次の□にあてはまることばを答えなさい。

(1) 右の㋐や㋑のような立体を ① といい，底面が三角形，四角形，…の ① を，それぞれ ②，③，…という。また，㋒のような立体を ④ という。

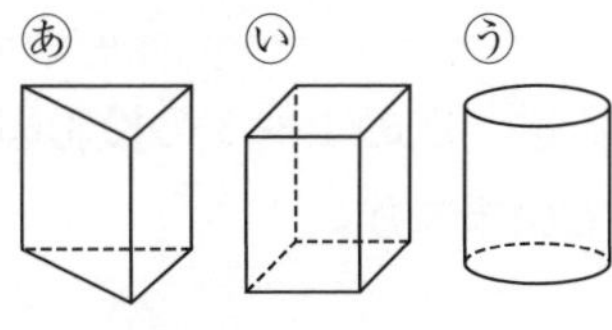

(2) 右の㋓や㋔のような立体を ① といい，底面が三角形，四角形，…の ① を，それぞれ ②，③，…という。また，㋕のような立体を ④ という。

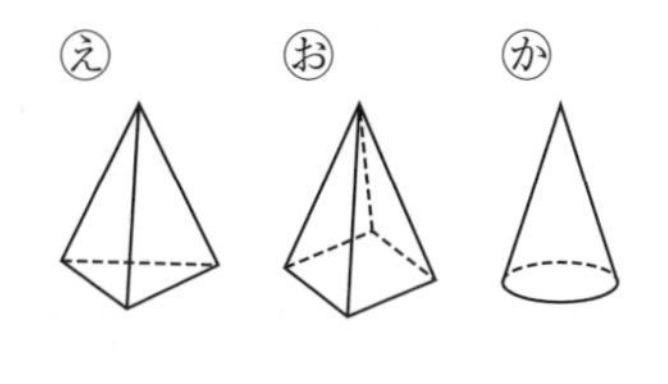

2 立体の投影図　右の図は，正四角錐の投影図の一部を示したものです。

(1) 立面図の線分 AB, BC, AD のうち, 実際の辺の長さが示されているのはどれですか。

(2) かきたりないところをかき加えて，投影図を完成させなさい。

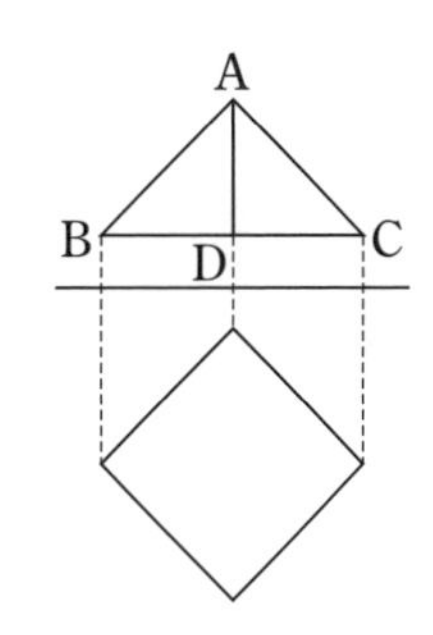

3 立体の見方　右の図のような，直方体から三角錐を切り取った立体があります。

(1) 辺 EH と垂直に交わる辺はどれですか。

(2) 辺 AD と垂直な面はどれですか。

(3) 辺 BD とねじれの位置にある辺は何本ありますか。

(4) 面 ABD と平行な面はどれですか。

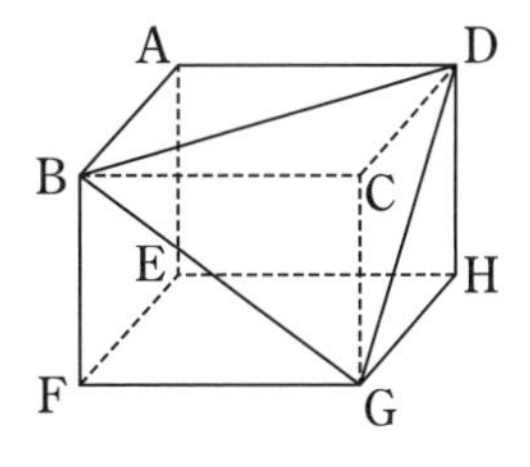

テスト対策ナビ

平面だけで囲まれている立体を「多面体」というよ。

ポイント

投影図では，見える線は実線──，見えない線は点線……で示す。

絶対に覚える!

空間内にある 2 直線の位置関係は,
- 交わる
- 平行である
- ねじれの位置にある

の 3 つの場合がある。

絶対に覚える!

2 平面 P，Q が平行であるとき，一方の平面上の点と他方の平面との距離はすべて等しい。この距離を，2 平面 P，Q 間の距離という。

テストに出る！

予想問題 ① 6章 空間図形 1 空間図形の見方 (1)

⏱20分 /25問中

1 よく出る 立体の投影図 次の(1)～(3)の投影図は，三角錐，四角錐，四角柱，円柱，球のうち，どの立体を表していますか。

(1)
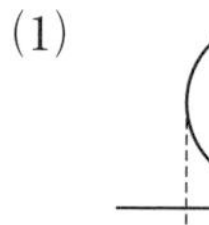
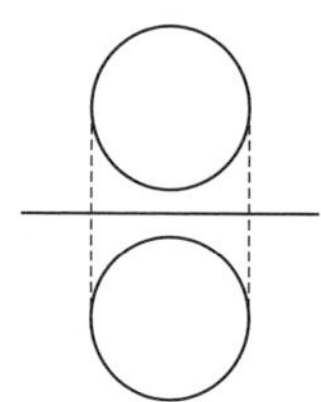

(2)
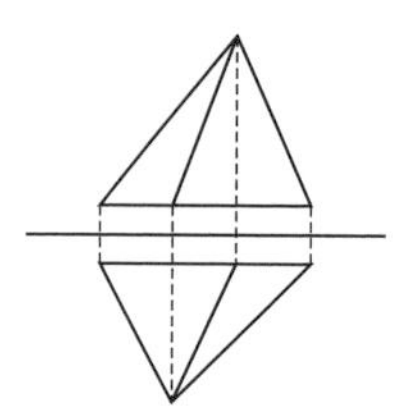

(3)
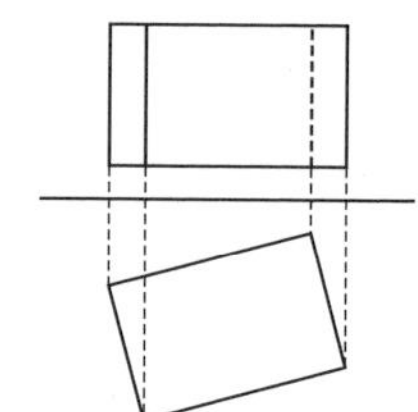

2 立体の投影図 立方体をある平面で切ってできた立体を投影図で表したら，図1のようになりました。図2は，その立体の見取図の一部を示したものです。図のかきたりないところをかき加えて，見取図を完成させなさい。

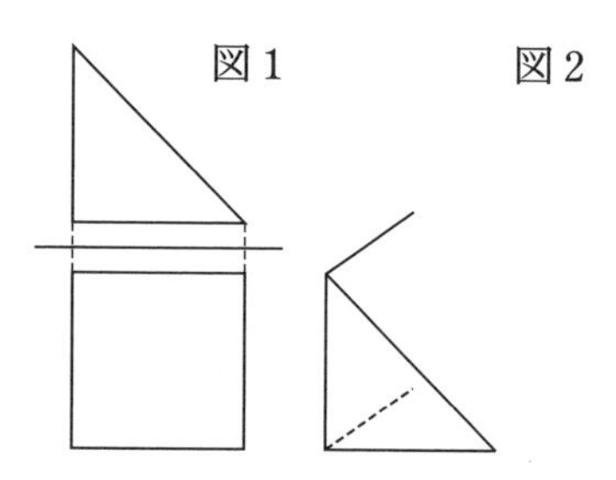

3 よく出る いろいろな立体 次の立体㋐～㋕について，表を完成させなさい。

㋐
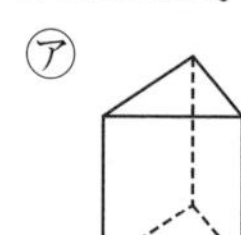
㋑
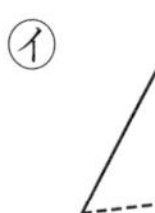
㋒

㋓
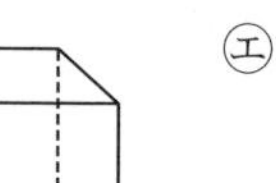
㋔
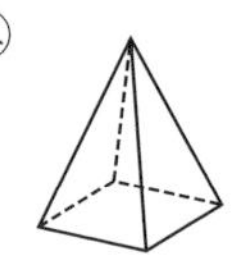
㋕
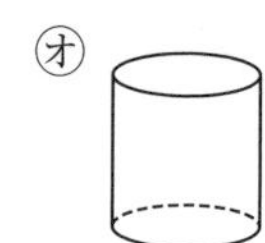

	立体の名称	面の数	多面体の名称	底面の形	側面の形	辺の数
㋐	三角柱					9
㋑		4			三角形	
㋒				四角形		
㋓	四角錐		五面体			
㋔		／	／		／	／
㋕		／	／		／	／

1 平面図から底面の形を読み取ることができる。
2 見える線は実線，見えない線は点線で示す。

テストに出る!

予想問題 ②　6章 空間図形　1 空間図形の見方 (1)

🕓20分　/11問中

1 平面の決定　次の平面のうち，平面が１つに決まるものをすべて選び，記号で答えなさい。

㋐　２点をふくむ平面

㋑　一直線上にない３点をふくむ平面

㋒　平行な２直線をふくむ平面

㋓　交わる２直線をふくむ平面

㋔　ねじれの位置にある２直線をふくむ平面

㋕　１つの直線と，その直線上にない１点をふくむ平面

2 よく出る　直線や平面の平行と垂直　右の直方体について，次のそれぞれにあてはまるものをすべて答えなさい。

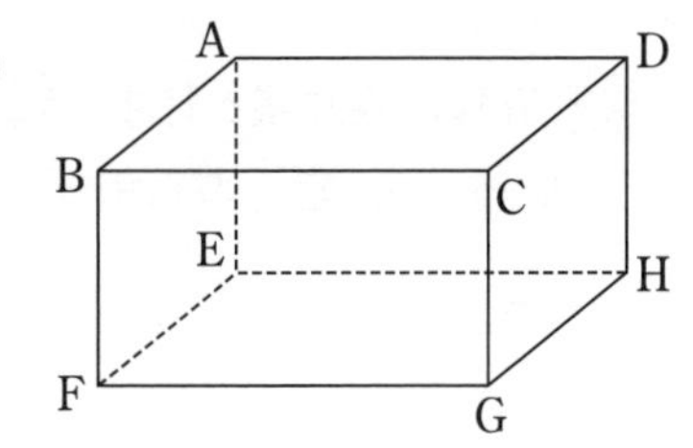

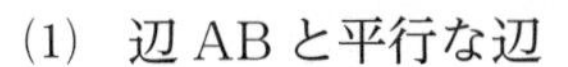

(1)　辺 AB と平行な辺

(2)　辺 BF と平行な面

(3)　面 ABFE と平行な面

(4)　面 AEHD と平行な辺

(5)　辺 AE とねじれの位置にある辺

(6)　辺 AB と垂直に交わる辺

(7)　面 ABFE と垂直な面

3 平面と平面のつくる角　∠ACB＝90°，∠ABC＝∠BAC＝45° の直角二等辺三角形を底面とする三角柱について，次の問いに答えなさい。

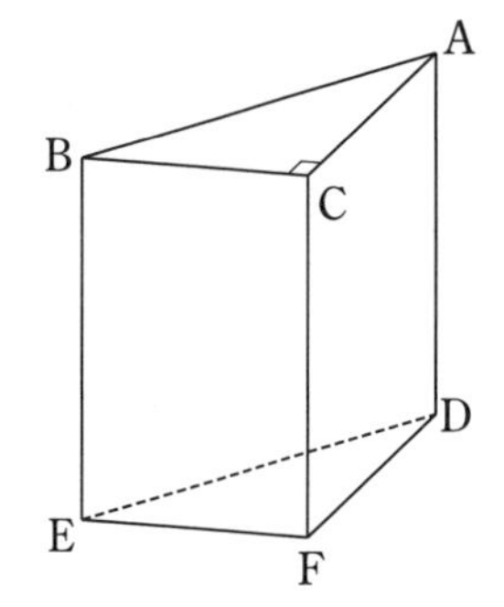

(1)　面 ABC と面 ACFD のつくる角の大きさを求めなさい。

(2)　面 ABED と面 BEFC のつくる角の大きさを求めなさい。

(3)　面 ABED に垂直な面をすべて答えなさい。

3 (1)　面 ABC と面 ACFD の交線 AC に垂直な２直線 BC，FC のつくる角に着目する。
(2)　面 ABED と面 BEFC の交線 BE に垂直な２直線 AB，BC のつくる角に着目する。

1 空間図形の見方 (2) 2 図形の計量

テストに出る! 教科書のココが要点

さらっとまとめ (赤シートを使って，□に入るものを考えよう。)

1 面が動いてできる立体 教 p.207〜p.208

・円柱や円錐のように平面図形を，同じ平面上の直線 ℓ を軸として1回転してできる立体を［回転体］といい，その側面をえがく線分を［母線］という。

2 立体の展開図 教 p.209〜p.210

・円錐の［側面］の展開図のように，2つの半径と弧で囲まれた図形を［おうぎ形］といい，2つの半径のつくる角を［中心角］という。

3 立体の表面積と体積 教 p.213〜p.223

・半径 r cm で，中心角 $a°$ のおうぎ形の弧の長さ ℓ cm と面積 S cm²

$\ell=\boxed{2\pi r\times\frac{a}{360}}$　$S=\boxed{\pi r^2\times\frac{a}{360}}$　注 円周率は「π」を使う。

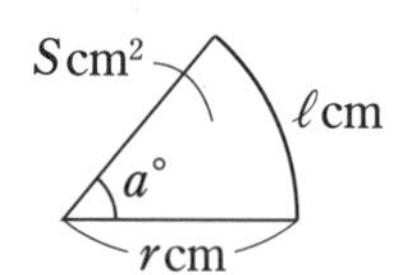

※おうぎ形の弧の長さや面積は中心角の大きさに［比例］する。

・角柱や円柱の表面積　(表面積)=(側面積)+(底面積)×［2］

・角錐や円錐の表面積　(表面積)=(側面積)+(底面積)

・角柱や円柱の体積　(底面積)×(高さ)　・角錐や円錐の体積 $\boxed{\frac{1}{3}}$×(底面積)×(高さ)

・半径 r cm の球の表面積 S cm² と体積 V cm³　$S=\boxed{4\pi r^2}$　$V=\boxed{\frac{4}{3}\pi r^3}$

スピード確認 (□に入るものを答えよう。答えは，下にあります。)

3

□ 半径 10 cm，中心角 144° のおうぎ形の弧の長さは，

$(2\pi\times10)\times\frac{①}{360}=②$ (cm)

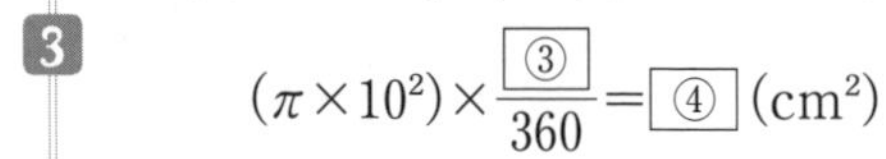
★$2\pi r\times\frac{a}{360}$ に，$r=10$，$a=144$ を代入する。

□ 半径 10 cm，中心角 144° のおうぎ形の面積は，

$(\pi\times10^2)\times\frac{③}{360}=④$ (cm²)

★$\pi r^2\times\frac{a}{360}$ に，$r=10$，$a=144$ を代入する。

□ 半径 12 cm の球の表面積は ⑤ (cm²)，体積は ⑥ (cm³)

★表面積は $4\pi r^2$ に $r=12$ を代入する。
体積は $\frac{4}{3}\pi r^3$ に $r=12$ を代入する。

①＿＿＿＿
②＿＿＿＿
③＿＿＿＿
④＿＿＿＿
⑤＿＿＿＿
⑥＿＿＿＿

答 ①144 ②$8\pi$ ③144 ④$40\pi$ ⑤$576\pi$ ⑥$2304\pi$

解答 p.18

基礎力UP テスト対策問題

1 円柱の展開図　底面の半径が 3 cm で高さが 6 cm の円柱があります。この円柱の展開図をかくとき，側面になる長方形の横の長さは何 cm にすればよいですか。また，この円柱の表面積を求めなさい。

2 おうぎ形　右のおうぎ形の弧の長さは，半径 6 cm の円の円周の長さの何倍ですか。また，このおうぎ形の弧の長さと面積を求めなさい。

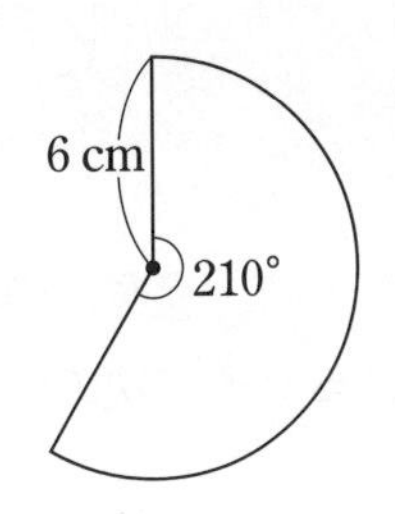

3 円錐の展開図　**右の円錐の展開図について，次の問いに答えなさい。**

(1)　側面になるおうぎ形の中心角を求めなさい。

(2)　側面になるおうぎ形の面積を求めなさい。

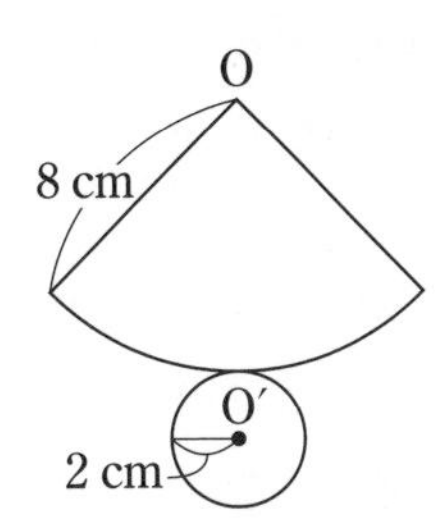

4 表面積　**次の立体の表面積を求めなさい。**

(1)　正四角錐

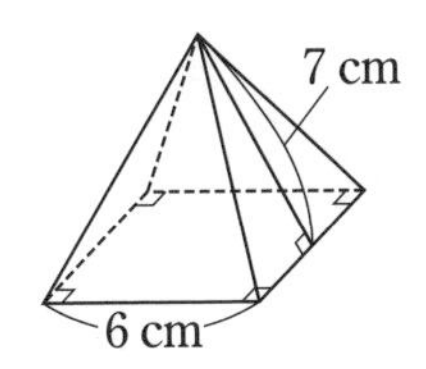

(2)　円錐

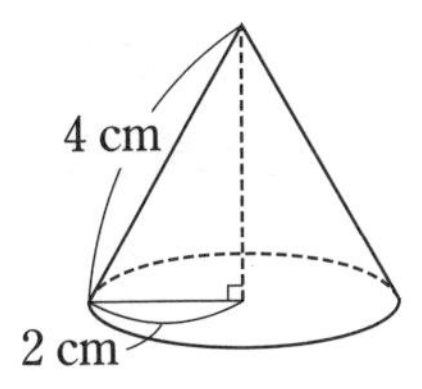

5 体積　**次の立体の体積を求めなさい。**

(1)　正四角錐

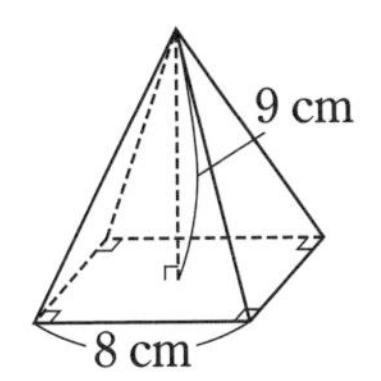

(2)　円錐

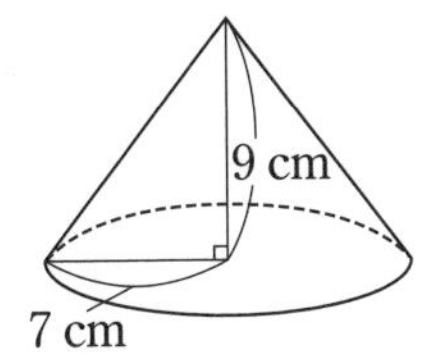

テスト対策ナビ

1 円柱の展開図

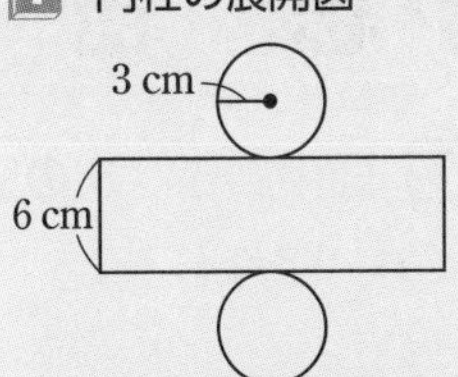

ポイント

円錐の表面積の求め方

1　展開図をかく。
2　中心角を求める。

$360° \times \dfrac{(\text{底面の円の円周})}{\left(\begin{array}{c}\text{母線の長さを半径}\\ \text{とする円の円周}\end{array}\right)}$

3　側面積を求める。
4　底面積を求めて，(側面積)＋(底面積)を計算する。

※中心角を求めずに，母線の長さを半径とする円の面積に，$\dfrac{(\text{底面の円の円周の長さ})}{\left(\begin{array}{c}\text{母線の長さを半径と}\\ \text{する円の円周の長さ}\end{array}\right)}$ をかけて，側面積を求めてもよい。

角錐や円錐の体積を求めるときは，$\dfrac{1}{3}$ をかけることを忘れないようにしよう。

テストに出る！

予想問題 ①

6章 空間図形

1 空間図形の見方 (2)

🕓20分　/17問中

1 面の動き　次の図をそれと垂直な方向に動かすと，どんな立体ができますか。

(1) 四角形　(2) 五角形　(3) 円

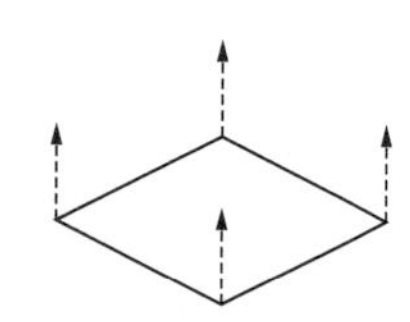

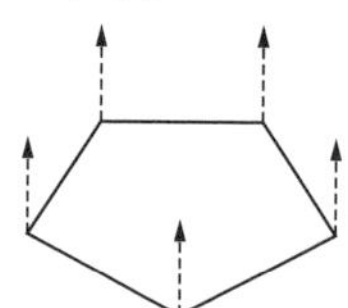

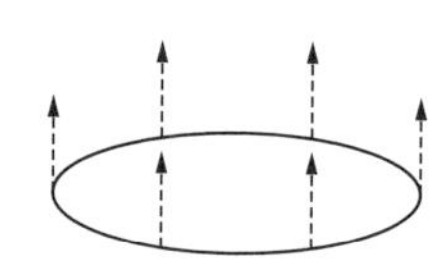

2 回転体　右の図形㋐，㋑，㋒を，直線 ℓ を軸として1回転させるとき，次の問いに答えなさい。

(1) 右の図で，辺ABのことを，1回転してできる立体の何といいますか。

㋐ 長方形　㋑ 直角三角形　㋒ 半円

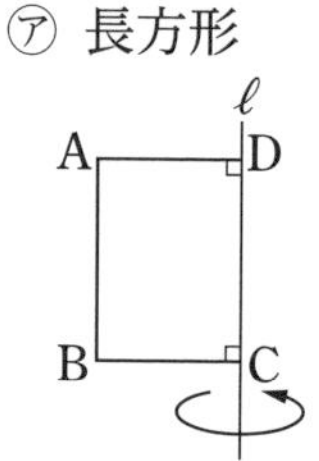

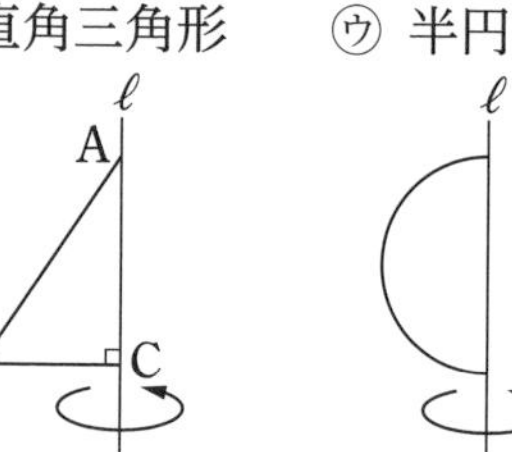

(2) それぞれどんな立体ができますか。また，1回転してできる立体を回転の軸をふくむ平面で切ったり，回転の軸に垂直な平面で切ったりすると，その切り口はどんな図形になりますか。下の表を完成させなさい。

	㋐	㋑	㋒
立体			
回転の軸をふくむ平面で切る			
回転の軸に垂直な平面で切る			

3 角錐の展開図　右の図は，ある立体の展開図です。△CDEは正三角形で，ほかの三角形はすべて二等辺三角形であるとき，この展開図を組み立ててできる立体について，次の問いに答えなさい。

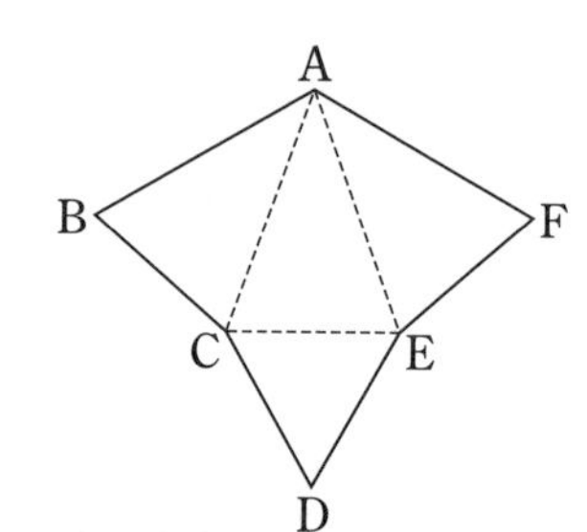

(1) 立体の名称は何ですか。

(2) 頂点Bと重なる頂点はどれですか。また，辺ABと重なる辺はどれですか。

(3) 辺ACとねじれの位置にある辺はどれですか。

1 角柱や円柱は，底面の多角形や円が，底面と垂直な方向に動いてできた立体と考えられ，動いた距離が高さになる。

テストに出る！

予想問題 ②

6章 空間図形
1 空間図形の見方 (2)　2 図形の計量

20分　/14問中

1 よく出る　円錐の展開図　右の図の円錐の展開図をかくとき，次の問いに答えなさい。

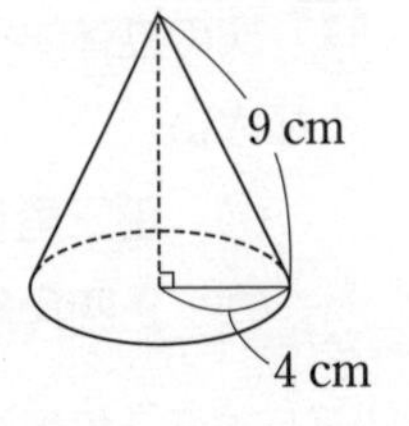

(1) 側面になるおうぎ形の半径を何 cm にすればよいですか。また，中心角を何度にすればよいですか。

(2) 側面になるおうぎ形の弧の長さと面積を求めなさい。

2 よく出る　立体の表面積と体積　次の立体の表面積と体積を求めなさい。

(1) 三角柱

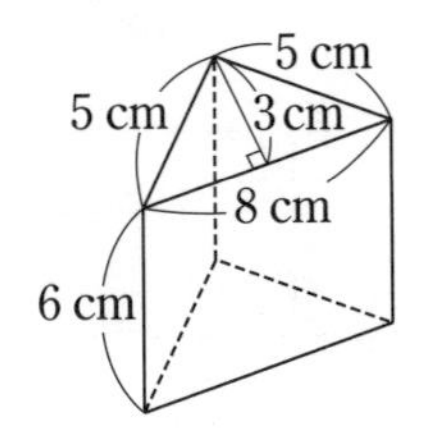

(2) 正四角錐

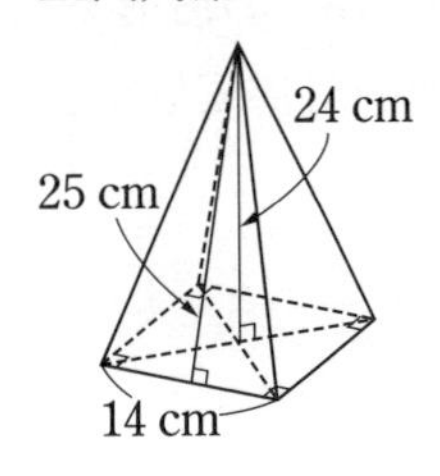

(3) 円柱

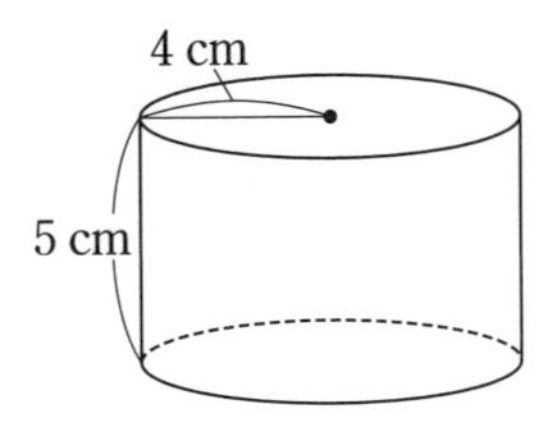

(4) 円錐

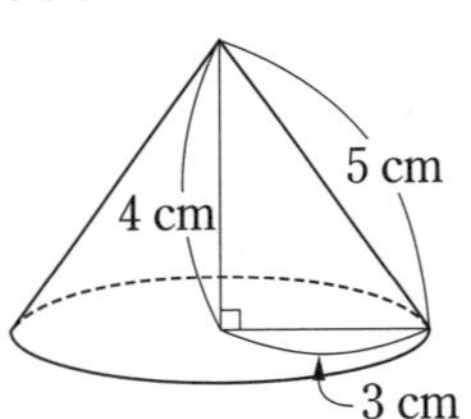

3 回転体の表面積と体積　右の図のような半径 3 cm，中心角 90° のおうぎ形を，直線 ℓ を軸として 1 回転してできる立体の表面積と体積を求めなさい。

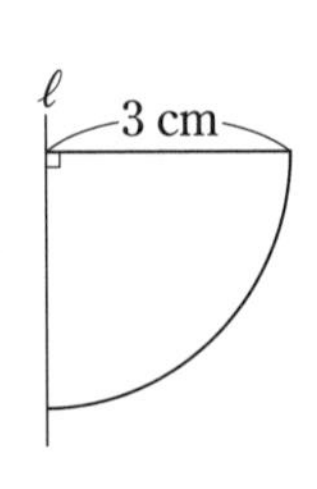

3 半径 r cm の球の表面積 S cm² と体積 V cm³　$S=4\pi r^2$，$V=\frac{4}{3}\pi r^3$

テストに出る！

章末予想問題　6章 空間図形

30分　/100点

1 次の立体㋐～㋘の中から，(1)～(5)のそれぞれにあてはまるものをすべて選び，記号で答えなさい。

4点×5〔20点〕

㋐ 正三角柱　㋑ 正四角柱　㋒ 正六面体　㋓ 円柱　㋔ 正三角錐
㋕ 正四角錐　㋖ 正八面体　㋗ 円錐　㋘ 球

(1) 正三角形の面だけで囲まれた立体

(2) 正方形の面だけで囲まれた立体

(3) 5つの面で囲まれた立体

(4) 平面図形を1回転してできる立体

(5) 底面の平面図形が，底面と垂直な方向に動いてできた立体

2 右の図は底面が AD∥BC の台形である四角柱です。この四角柱について，次のそれぞれにあてはまるものをすべて答えなさい。

5点×6〔30点〕

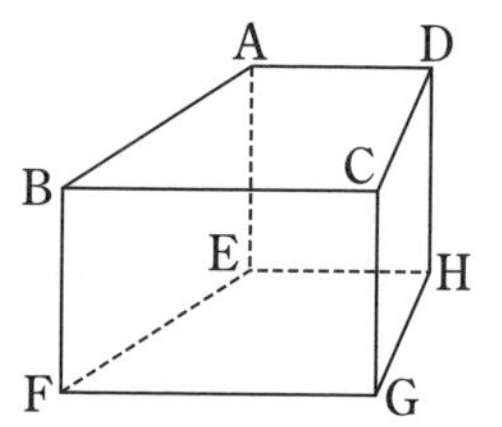

(1) 辺ADと平行な面

(2) 面ABFEと平行な辺

(3) 辺AEと垂直な面

(4) 面ABCDと垂直な辺

(5) 面AEHDと垂直な面

(6) 辺ABとねじれの位置にある辺

3 差がつく　空間にある直線や平面について述べた次の文のうち，正しいものをすべて選び，記号で答えなさい。

〔6点〕

㋐ 交わらない2直線は平行である。
㋑ 1つの直線に平行な2直線は平行である。
㋒ 1つの直線に垂直な2直線は平行である。
㋓ 1つの直線に垂直な2平面は平行である。
㋔ 1つの平面に垂直な2直線は平行である。
㋕ 平行な2平面上の直線は平行である。

4 半径30 cm，中心角300°のおうぎ形の弧の長さと面積を求めなさい。

6点×2〔12点〕

解答 p.19

満点ゲット作戦

体積を求める→投影図や見取図で立体の形を確認する。
表面積を求める→展開図をかくとすべての面が確認できる。

ココが要点を再確認　もう一歩　合格
0　70　85　100点

5 次の(1)，(2)の投影図で表された三角柱や円錐の体積を求めなさい。　7点×2〔14点〕

(1)

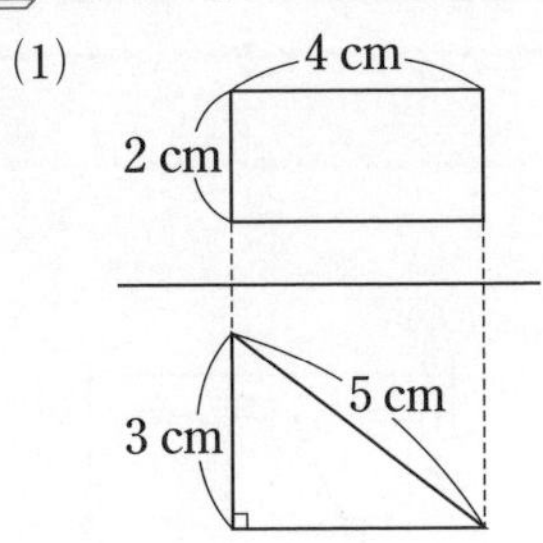

(2)

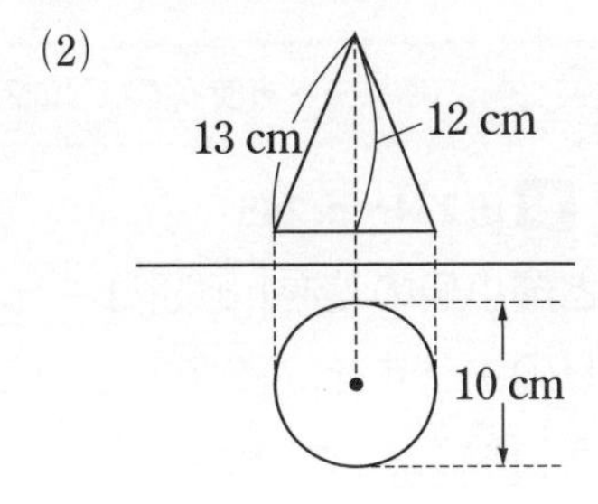

6 次の問いに答えなさい。　6点×3〔18点〕

(1)　直方体のふたのない容器いっぱいに水を入れて，右の図のように傾けると，何 cm^3 の水が残りますか。

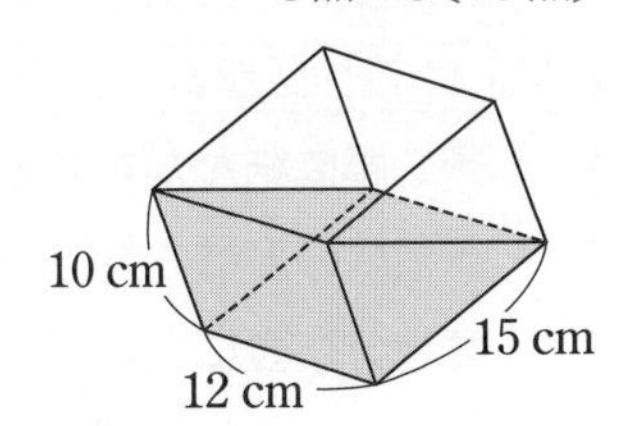

(2)　**差がつく**　右の図のような直角三角形と長方形を組み合わせた図形を，直線 ℓ を軸として1回転してできる立体について，表面積と体積を求めなさい。

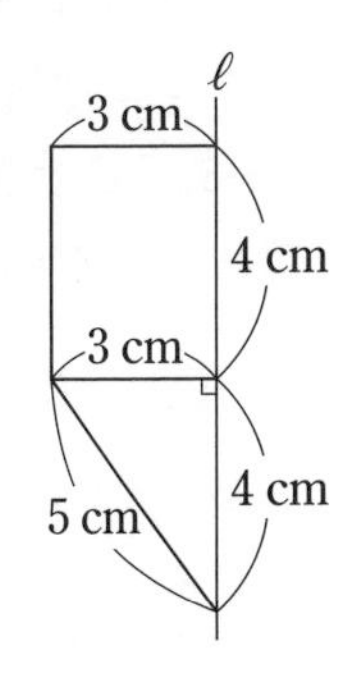

1	(1)	(2)	(3)
	(4)	(5)	
2	(1)	(2)	
	(3)	(4)	
	(5)	(6)	
3		**4** 弧の長さ	面積
5	(1)	(2)	
6	(1)	(2) 表面積	体積

1	/20点	**2**	/30点	**3**	/6点	**4**	/12点	**5**	/14点	**6**	/18点

1 データの傾向の調べ方　2 データの活用

テストに出る！ 教科書のココが要点

さらっとまとめ（赤シートを使って，□に入るものを考えよう。）

1 データの分布 教 p.234～p.245

- データの最大値と最小値の差を 範囲（レンジ） という。
- データの散らばりのようすを， 分布 という。
- 階級の中央の値を 階級値 という。
- 階級と度数でデータの分布を表している表を 度数分布表 といい，度数分布表を用いてかいたグラフを， ヒストグラム（柱状グラフ） という。ヒストグラムで，各長方形の上の辺の中点をとって順に結んだ折れ線グラフを， 度数折れ線（度数分布多角形） という。

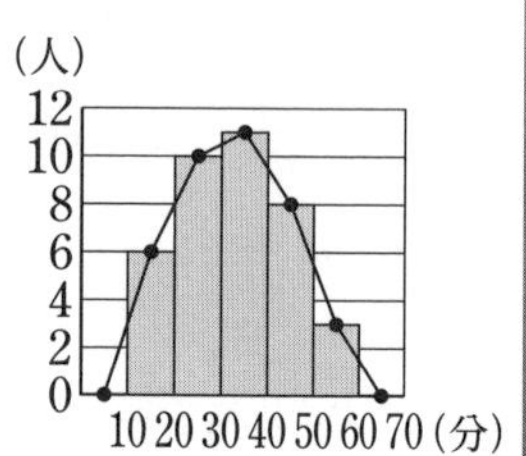

- 各階級の度数を総度数でわった値を，その階級の 相対度数 という。
- 度数分布表において，最小の階級から各階級までの度数を加えたものを， 累積度数 という。また，最小の階級から各階級までの相対度数を加えたものを， 累積相対度数 という。
- あることがらの起こりやすさの程度を表す数を，そのことがらの起こる 確率 という。

2 データの活用 教 p.248～p.253

- 度数分布表からの平均値の求め方は，$(\text{平均値})=\dfrac{\{(\text{階級値}\times\text{度数})\text{の総和}\}}{(\text{総度数})}$
- 身のまわりの問題で，解決したい問題があるとき，その問題を解決する方法の 1 つに PPDAC サイクル がある。

スピード確認（□に入るものを答えよう。答えは，下にあります。）

1

□ ある品物の重さを整理した右の表で，10 g 以上 15 g 未満の階級の階級値は ① g，度数は ② 個，相対度数は ③ である。

★(ある階級の相対度数)＝$\dfrac{(\text{その階級の度数})}{(\text{総度数})}$

階級(g)	度数(個)
以上　未満	
5～10	8
10～15	26
15～20	13
20～25	3
計	50

□ 右の表で，10 g 以上 15 g 未満の階級の累積度数は ④ 個で，累積相対度数は ⑤ である。

★累積相対度数は，最小の階級から各階級までの相対度数を加えて求める。

□ 画びょうを投げる実験で，投げる回数が増えるにつれて，上向きが出た相対度数が 0.62 に近づくとき，下向きが出る確率は ⑥ と考えられる。★1−0.62

①

②

③

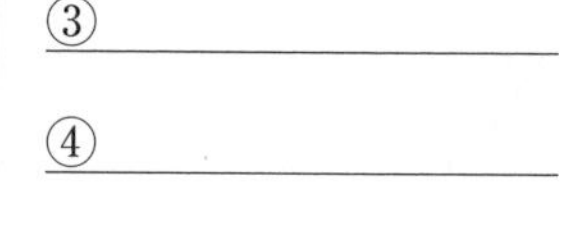

④

⑤

⑥

答 ①12.5 ②26 ③0.52 ④34 ⑤0.68 ⑥0.38

テストに出る！

予想問題　7章 データの活用　1 データの傾向の調べ方　2 データの活用

20分　/10問中

1 範囲，データの見方　右のデータは，正雄さんをふくむ9人の生徒がハンドボール投げをしたときの記録です。

20, 15, 27, 21, 23, 29, 27, 16, 18 (m)

(1) 範囲を求めなさい。

(2) 正雄さんの記録がほかの8人に比べて長い方か短い方か知りたいとき，代表値のうち，何を参考にすればよいですか。

2 よく出る　度数分布表，相対度数　右の表は，50人の生徒の身長を測定した結果を度数分布表に整理したものです。

階級(cm)	度数(人)
以上　未満	
140～145	9
145～150	12
150～155	14
155～160	10
160～165	5
計	50

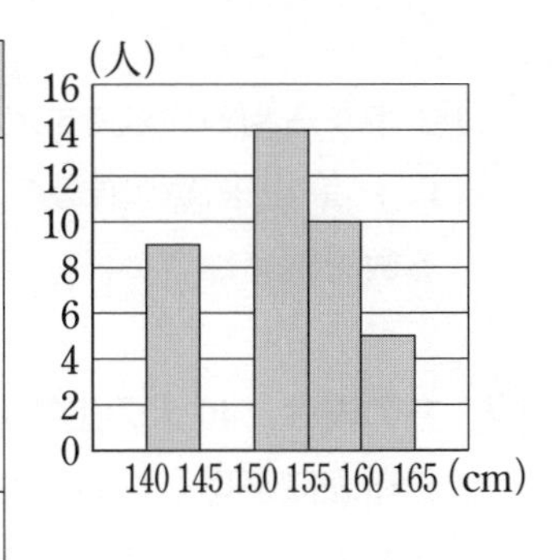

(1) 階級の幅を答えなさい。

(2) 身長が155 cm以上の生徒は何人いますか。

(3) 右のヒストグラムを完成させなさい。また，度数折れ線をかき入れなさい。

(4) 150 cm以上155 cm未満の階級の相対度数を求めなさい。

3 ことがらの起こりやすさ　下の表は，ペットボトルのふたを投げる実験をくり返し，ふたが上を向いた回数を表したものです。ふたが上向きになる確率はいくらと考えられますか。

投げた回数	100	200	300	400
上を向いた回数	59	114	170	228

4 よく出る　代表値　右の表は，20人の生徒の通学時間を調べた結果を度数分布表に整理したものです。

階級(分)	度数(人)
以上　未満	
0～10	3
10～20	8
20～30	6
30～40	2
40～50	1
計	20

(1) 中央値はどの階級に入っていますか。

(2) 最頻値を求めなさい。

1 (1) データを小さい順に並べかえる。　(2) 上位5人に入るかを考える。
4 (2) 最頻値がふくまれる階級の階級値を求める。

解答 p.20

テストに出る!

章末予想問題 7章 データの活用

15分

/100点

1 差がつく 右の表は，ある中学校の1年男子60人と女子50人について，英語のテストの得点を整理したものです。 7点×4〔28点〕

階級(点)	度数(人)	
	男子	女子
以上　未満		
0～20	6	3
20～40	①	10
40～60	②	18
60～80	15	14
80～100	6	5
計	60	50

(1) 得点が60点以上80点未満の階級の男子の相対度数を求めなさい。

(2) 女子について，40点以上60点未満の累積相対度数を求めなさい。

(3) 表から相対度数を求めたところ，20点以上40点未満の階級の男子の相対度数と，20点以上40点未満の階級の女子の相対度数が等しくなりました。上の表の①，②にあてはまる数を求めなさい。

2 右の表は，40人の生徒の50 m走の記録を度数分布表に整理したものです。 8点×6〔48点〕

(1) 表の①～⑤にあてはまる数を求めなさい。

(2) 平均値を求めなさい。

階級(秒)	階級値(秒)	度数(人)	(階級値)×(度数)
以上　未満			
7.0～7.4	7.2	3	21.6
7.4～7.8	①	5	③
7.8～8.2	8.0	12	96.0
8.2～8.6	8.4	10	84.0
8.6～9.0	8.8	②	④
9.0～9.4	9.2	1	9.2
計		40	⑤

3 右の表は，王冠を投げたときの結果です。 8点×3〔24点〕

(1) 表の①，②にあてはまる数を求めなさい。

(2) この王冠を10000回投げるとき，表は何回出ると考えられますか。

投げた回数	500	1000	1500	2000
表が出た回数	191	381	570	760
表が出た相対度数	①	0.381	0.380	②

1	(1)	(2)	(3) ①　②
2	(1) ①	②	③
	④	⑤	(2)
3	(1) ①	②	(2)

1 /28点	**2** /48点	**3** /24点

中間・期末の攻略本

解答と解説

取りはずして使えます！

学校図書版　数学1年

1章　正の数・負の数

p.3 テスト対策問題

1 (1) −3時間　(2) +12 kg

2 (1) A…−5.5　B…−2
C…+0.5　D…+3

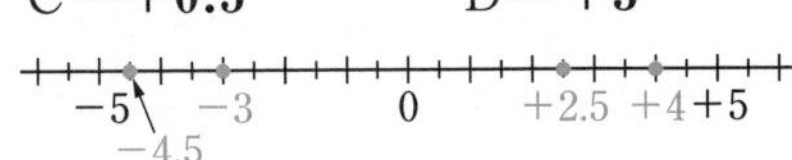

(2) ① −7<+2
② −7<−4<+5

(3) −3

(4) ① 2.5　② 3.8

(5) 9個

3 (1) −5　(2) −2
(3) 3　(4) −22
(5) −8　(6) −4

解説

1 ポイント　反対の性質をもつ数量は，正の数，負の数を使って表すことができる。

2 (1) 数直線では，原点0の右側に正の数，左側に負の数を対応させている。

(2) ② ミス注意！　3つの数を大きさの順に並べるときは，小さい数，または，大きい数から順に並べる。

(3) 数直線をかいて考える。

(5) −4，−3，−2，−1，0，1，2，3，4の9個。

3 (1) $(-8)+(+3)=-(8-3)=-5$

(2) $(-6)-(-4)=(-6)+(+4)$
$=-(6-4)=-2$

(5) $-9+3+(-7)-(-5)=-9+3-7+5$
$=+3+5-9-7=8-16=-8$

(6) $2-8-4+6=2+6-8-4=8-12=-4$

p.4 予想問題

1 (1) $-0.04<0<+0.4$

(2) $-\frac{2}{5}<-0.3<-\frac{1}{4}$

2 (1) $-\frac{5}{2}$　(2) −2と+2

(3) $+\frac{2}{3}$　(4) 3個

3 (1) 22　(2) 16　(3) −9.6

(4) $\frac{1}{6}$　(5) −3　(6) −6

(7) −3　(8) 6.8　(9) 3.3

(10) $-\frac{3}{4}$

解説

2 分数は小数に直して考える。

$-\frac{5}{2}=-2.5$　　$+\frac{2}{3}=+0.66\cdots$

$-\frac{5}{2}$　−2.3　−0.8　$+\frac{2}{3}$　+1.5
−2　−1　0　+1　+2

(3) 絶対値がもっとも小さい数は0，小さい方から2番目の数は，0にもっとも近い $+\frac{2}{3}$

3 (6) $6-8-(-11)+(-15)=6-8+11-15$
$=-6$

(7) $-3.2+(-4.8)+5=-3.2-4.8+5=-3$

(8) $4-(-3.2)+\left(-\frac{2}{5}\right)=4+3.2+(-0.4)$
$=7.2-0.4=6.8$

(9) $2-0.8-4.7+6.8=2+6.8-0.8-4.7$
$=8.8-5.5=3.3$

(10) $-1+\frac{1}{3}-\frac{5}{6}+\frac{3}{4}=-1-\frac{5}{6}+\frac{1}{3}+\frac{3}{4}$
$=-\frac{12}{12}-\frac{10}{12}+\frac{4}{12}+\frac{9}{12}=-\frac{22}{12}+\frac{13}{12}=-\frac{3}{4}$

p.6 テスト対策問題

1 (1) 48　(2) 48　(3) -35
(4) -9　(5) -30　(6) -42

2 (1) ① 8^3　② $(-1.5)^2$
(2) ① -27　② -16　③ 1000

3 (1) -10　(2) $\frac{5}{17}$　(3) $-\frac{1}{21}$　(4) $\frac{5}{3}$

4 (1) -6　(2) 12　(3) $-\frac{2}{9}$　(4) -15

5 (1) ① ㋑　② ㋐
③ ㋑　④ ㋒
(2) 23, 29, 31, 37
(3) ① 5×7　② $2^2\times3\times7$
③ 2×7^2　④ $3^2\times5\times7$

解説

1 (1) $(+8)\times(+6)=+(8\times6)=+48$
(2) $(-4)\times(-12)=+(4\times12)=+48$
(3) $(-5)\times(+7)=-(5\times7)=-35$
(4) $\left(-\frac{3}{5}\right)\times15=-\left(\frac{3}{5}\times15\right)=-9$
(5) $5\times(-3)\times2=-(5\times3\times2)=-30$
(6) $(-3)\times(-2)\times(-7)=-(3\times2\times7)=-42$

2 (2) ① $(-3)^3=(-3)\times(-3)\times(-3)$
$=-(3\times3\times3)=-27$
② $-2^4=-(2\times2\times2\times2)=-16$
③ $(5\times2)^3=10^3=10\times10\times10=1000$

3 **注意** 逆数は，分数では，分子と分母の数字を逆にすればよい。(3)の -21 は $-\frac{21}{1}$，(4)の小数の 0.6 は分数の $\frac{3}{5}$ に直して考える。

4 (1) $(+54)\div(-9)=-(54\div9)=-6$
(2) $(-72)\div(-6)=+(72\div6)=+12$
(3) $(-8)\div(+36)=-(8\div36)=-\frac{8}{36}=-\frac{2}{9}$
(4) $18\div\left(-\frac{6}{5}\right)=18\times\left(-\frac{5}{6}\right)=-\left(18\times\frac{5}{6}\right)$
$=-15$

5 (1) 0 は自然数ではない。
(3) ② 2) 84, 2) 42, 3) 21, 7　③ 2) 98, 7) 49, 7　④ 3) 315, 3) 105, 5) 35, 7

p.7 予想問題 ❶

1 (1) -120　(2) -0.92　(3) 0
(4) $\frac{1}{2}$

2 (1) 340　(2) -1300　(3) -3000
(4) -69

3 (1) -9　(2) 0　(3) $\frac{5}{8}$
(4) -6

4 (1) 12　(2) -16　(3) 128
(4) 15　(5) -10　(6) $\frac{7}{2}$
(7) -2　(8) -12

解説

2 (1) $4\times(-17)\times(-5)=4\times(-5)\times(-17)$
$=-20\times(-17)=+(20\times17)=+340$
(2) $13\times(-25)\times4=13\times\{(-25)\times4\}$
$=13\times(-100)=-1300$
(3) $-3\times(-8)\times(-125)=-3\times\{(-8)\times(-125)\}$
$=-3\times1000=-3000$
(4) $18\times23\times\left(-\frac{1}{6}\right)=18\times\left(-\frac{1}{6}\right)\times23$
$=(-3)\times23=-69$

3 (3) $\left(-\frac{35}{8}\right)\div(-7)=\left(-\frac{35}{8}\right)\times\left(-\frac{1}{7}\right)$
$=+\left(\frac{35}{8}\times\frac{1}{7}\right)=+\frac{5}{8}$

4 (1) $9\div(-6)\times(-8)=9\times\left(-\frac{1}{6}\right)\times(-8)$
$=+12$
(2) $(-96)\times(-2)\div(-12)$
$=(-96)\times(-2)\times\left(-\frac{1}{12}\right)=-16$
(3) $-5\times16\div\left(-\frac{5}{8}\right)=-5\times16\times\left(-\frac{8}{5}\right)=+128$
(5) $\left(-\frac{3}{4}\right)\times\frac{8}{3}\div0.2=\left(-\frac{3}{4}\right)\times\frac{8}{3}\div\frac{1}{5}$
$=\left(-\frac{3}{4}\right)\times\frac{8}{3}\times\frac{5}{1}=-10$
(7) $(-3)\div(-12)\times32\div(-4)$
$=(-3)\times\left(-\frac{1}{12}\right)\times32\times\left(-\frac{1}{4}\right)=-2$
(8) $(-20)\div(-15)\times(-3^2)$
$=(-20)\times\left(-\frac{1}{15}\right)\times(-9)=-12$

p.8 予想問題 ❷

1 (1) **−44** (2) **−4** (3) **−10**

(4) **10.8** (5) **1.5** (6) **1**

(7) $\frac{29}{9}$ (8) $-\frac{3}{4}$ (9) **20**

(10) $-\frac{1}{4}$

2 (1) **163 cm** (2) **12 cm** (3) **161 cm**

解説

1 注意 「乗除→加減」の順序で計算する。

(1) $4-(-6)\times(-8)=4-48=-44$

(2) $-7-24\div(-8)=-7+3=-4$

(3) $6\times(-5)-(-20)=-30+20=-10$

(4) $(-1.2)\times(-4)-(-6)=4.8+6=10.8$

(5) $6.3\div(-4.2)-(-3)=-1.5+3=1.5$

(6) $\frac{6}{5}+\frac{3}{10}\times\left(-\frac{2}{3}\right)=\frac{6}{5}-\frac{1}{5}=\frac{5}{5}=1$

(7) $\frac{6}{7}\div\frac{3}{14}-\left(-\frac{7}{8}\right)\times\left(-\frac{8}{9}\right)$

$=\frac{6}{7}\times\frac{14}{3}-\frac{7}{8}\times\frac{8}{9}=4-\frac{7}{9}=\frac{29}{9}$

(8) $\frac{3}{4}\div\left(-\frac{2}{7}\right)-\left(-\frac{3}{2}\right)\times\frac{5}{4}$

$=\frac{3}{4}\times\left(-\frac{7}{2}\right)+\frac{3}{2}\times\frac{5}{4}$

$=-\frac{21}{8}+\frac{15}{8}=-\frac{6}{8}=-\frac{3}{4}$

(9) $8-4\times\{6+(-9)\}=8-4\times(-3)=8+12=20$

(10) $-\frac{3}{8}-\left(-\frac{1}{2}\right)^2\div(3-5)=-\frac{3}{8}-\frac{1}{4}\div(-2)$

$=-\frac{3}{8}-\frac{1}{4}\times\left(-\frac{1}{2}\right)=-\frac{3}{8}+\frac{1}{8}=-\frac{2}{8}=-\frac{1}{4}$

2 (1) 160＋3＝163 (cm)

(2) 基準との差を使って求める。

(＋8)−(−4)＝8＋4＝12 (cm)

別解 もっとも背が高い生徒D

…160＋8＝168 (cm)

もっとも背が低い生徒E

…160−4＝156 (cm)

168−156＝12 (cm)

(3) 基準との差の平均を基準の 160 cm に加えると，6 人の平均身長が求められる。

$\{(+3)+(-2)+0+(+8)+(-4)+(+1)\}\div6$

$=6\div6=1$

160＋1＝161 (cm)

p.9 予想問題 ❸

1 (1) **−2** (2) **−430** (3) **−1**

(4) **25**

2 (1) **2，3，5，7，11，13，17，19**

(2) **㋐，㋒** (3) **㋒**

3 (1) **41，43，47** (2) $2^3\times7$

(3) **最大公約数…36，最小公倍数…360**

(4) **24**

解説

1 (1) $35\times\left(-\frac{1}{5}+\frac{1}{7}\right)=35\times\left(-\frac{1}{5}\right)+35\times\frac{1}{7}$

$=-7+5=-2$

(2) $43\times(-4.3)+57\times(-4.3)$

$=(43+57)\times(-4.3)$

$=100\times(-4.3)=-430$

(3) $\left(-\frac{10}{3}\right)\times\left(\frac{9}{10}-\frac{3}{5}\right)$

$=-\frac{10}{3}\times\frac{9}{10}+\left(-\frac{10}{3}\right)\times\left(-\frac{3}{5}\right)=-3+2=-1$

(4) $(-7)\times\left(-\frac{5}{4}\right)+(-13)\times\left(-\frac{5}{4}\right)$

$=\{(-7)+(-13)\}\times\left(-\frac{5}{4}\right)=-20\times\left(-\frac{5}{4}\right)$

$=25$

2 (1) 1とその数自身しか約数がない数は，素数である。

(2) ㋐ (自然数)＋(自然数) は自然数となるから，加法は自然数の集合でつねに計算できる。

㋑ (自然数)−(自然数) は負の整数になる場合があるから，減法は自然数の集合でつねに計算できるとはいえない。

㋒ (自然数)×(自然数) は自然数となるから，乗法は自然数の集合でつねに計算できる。

㋓ (自然数)÷(自然数) は，小数や分数になる場合があるから，除法は自然数の集合でつねに計算できるとはいえない。

3 (2)
```
2) 56
2) 28
2) 14
    7
```

(4) $576=2^6\times3^2$

$=(2^3\times3)^2=24^2$

(3)
```
2) 72   180
2) 36    90
3) 18    45
3)  6    15
    2     5
```

最大公約数…$2^2\times3^2=36$

最小公倍数…

$2^2\times3^2\times2\times5=360$

p.10〜p.11 章末予想問題

1 (1) -10 分　(2)「2万円の収入」

2 (1) -7　(2) -10　(3) $-\frac{2}{7}$

(4) $-\frac{17}{12}$

3 (1) $\frac{8}{3}$　(2) -12　(3) 40

(4) -2　(5) 14　(6) -1

(7) 1　(8) -150

4 (1) 0.5点　(2) 60.5点

5 ① ×　② ×　③ ○

④ ×　⑤ ○　⑥ ○

6 (1) 210　(2) 14

解説

2 注意 小数や分数の混じった計算は，小数か分数のどちらかにそろえてから計算する。

(4) $-1.5+\frac{1}{3}-\frac{1}{2}+\frac{1}{4}=-\frac{3}{2}-\frac{1}{2}+\frac{1}{3}+\frac{1}{4}$

$=-2+\frac{4}{12}+\frac{3}{12}=-2+\frac{7}{12}=-\frac{17}{12}$

3 ポイント 「累乗やかっこの中の計算→乗除→加減」の順序で計算する。

(7) $15\times\left(\frac{2}{3}-\frac{3}{5}\right)=15\times\frac{2}{3}-15\times\frac{3}{5}=10-9=1$

(8) $3\times(-18)+3\times(-32)$

$=3\times\{(-18)+(-32)\}=3\times(-50)=-150$

4 (1) $\{(+6)+(-8)+(+18)+(-5)+0$

$+(-15)+(+11)+(-3)\}\div8=(+4)\div8$

$=+0.5$ (点)

(2) $60+0.5=60.5$ (点)

別解 $(66+52+78+55+60+45+71+57)$

$\div8=484\div8=60.5$ (点)

5 ① (自然数)−(自然数) の結果は，負の整数になる場合もある。

② (自然数)÷(自然数) の結果は，小数や分数になる場合もある。

④ (整数)÷(整数) の結果は，小数や分数になる場合もある。

6 (1) 30 と 42 の最小公倍数 210 が求める数。

(2) $78-8=70$ と $106-8=98$ の公約数で，あまりの 8 より大きい数を求める。

また，公約数は最大公約数の約数である。

2章　文字式

p.13 テスト対策問題

1 (1) $-xy$　(2) a^3b^2

(3) $4x+2$　(4) $7-5x$

(5) $5(x-y)$　(6) $-0.1(x-y)$

2 (1) $-\frac{x}{3}$　(2) $\frac{x}{y}$

(3) $7-\frac{a}{4}$　(4) $\frac{a}{5}-\frac{b}{3}$

(5) $\frac{x+y}{6}$　(6) $-\frac{a-b}{2}\left(\frac{b-a}{2}\right)$

3 (1) $(4x+50)$ 円

(2) 時速 $\frac{a}{4}$ km $\left(時速\ \frac{1}{4}a\ \text{km}\right)$

(3) $(x-12y)$ 個　(4) $8(x-y)$

(5) $\frac{21}{100}x$ 人　(6) $\frac{9}{10}a$ 円

4 (1) 0　(2) $-\frac{1}{9}$　(3) $\frac{1}{27}$

(4) 8　(5) 0

解説

1 (1) ミス注意！ $-1xy$ とはしないこと。1 は書かずに省く。

2 (5)(6) かっこはつけない。

(6) $(a-b)\div(-2)=\frac{a-b}{-2}=-\frac{a-b}{2}\left(=\frac{b-a}{2}\right)$

3 (3) 子どもに配ったみかんの数は，

$y\times12=12y$ (個)

(5) 21% は，全体の $\frac{21}{100}$ の割合を表す。

(6) 9割は，全体の $\frac{9}{10}$ の割合を表す。

4 (1) $6a-2=6\times\frac{1}{3}-2=2-2=0$

(2) $-a^2=-(a\times a)$ に $a=\frac{1}{3}$ を代入して，

$-\left(\frac{1}{3}\times\frac{1}{3}\right)=-\frac{1}{9}$

(3) $\frac{a}{9}=\frac{1}{9}a=\frac{1}{9}\times a=\frac{1}{9}\times\frac{1}{3}=\frac{1}{27}$

(4) $6a+3b=6\times\frac{1}{3}+3\times2=2+6=8$

(5) $12a-b^2=12\times\frac{1}{3}-2^2=4-4=0$

p.14 予想問題

1 (1) $-5x$ (2) $\frac{5a}{2}$

(3) $\frac{ab^2}{3}$ (4) $\frac{x}{4y}$

2 (1) $2\times a\times b\times b$

(2) $x\div 3$

(3) $(-6)\times(x-y)$

(4) $2\times a-b\div 5$

3 (1) $(300-10m)$ ページ

(2) $(50x+10y)$ 円

(3) $\frac{x+y}{5}$ (4) $\frac{1}{4}a$L

4 (1) 0 (2) 28 (3) $\frac{5}{8}$

5 体積… $10a^2$ cm^3

$a=4$ のとき… 160 cm^3

解説

1 (3) $a\div 3\times b\times b=\frac{a}{3}\times b^2=\frac{ab^2}{3}$

(4) 除法は逆数をかけることと同じだから，

$x\div y\div 4=x\times\frac{1}{y}\times\frac{1}{4}=\frac{x}{4y}$

2 (2) (4) 分数はわり算の形で表せる。

3 (1) m 日間に読んだページ数の合計は，

$10\times m=10m$ (ページ)

(2) 50 円切手 x 枚の代金は，$50\times x=50x$ (円)

10 円切手 y 枚の代金は，$10\times y=10y$ (円)

(3) $(x+y)\div 5=\frac{x+y}{5}$

(4) 2 割 5 分$=0.25=\frac{1}{4}$ より，$a\times\frac{1}{4}$ (L)

※$0.25a$ L としてもよい。

4 (1) $-2a-10=-2\times a-10$

$=-2\times(-5)-10=10-10=0$

(2) $3+(-a)^2=3+(-a)\times(-a)$

$=3+\{-(-5)\}\times\{-(-5)\}=3+(+5)\times(+5)$

$=3+25=28$

(3) $-\frac{a}{8}=-\frac{-5}{8}=\frac{5}{8}$

別解 $-\frac{a}{8}=-\frac{1}{8}a=-\frac{1}{8}\times a$

$=-\frac{1}{8}\times(-5)=\frac{5}{8}$

p.16 テスト対策問題

1 (1) $13x$ (2) $-y$

(3) $x-4$ (4) $\frac{1}{2}a-4$

(5) $16a-3$ (6) $9x-13$

2 (1) $48a$ (2) y

(3) $3x$ (4) $\frac{m}{6}$ $\left(\frac{1}{6}m\right)$

(5) $\frac{3}{2}x$ (6) $-\frac{12}{7}y$

3 (1) $7x+14$ (2) $-8x+2$

(3) $2x-1$ (4) $3x-4$

(5) $3x-2$ (6) $6x+16$

4 (1) $14x+7$ (2) $-19x+8$

解説

1 (2) $2y-3y=(2-3)y=-1\times y=-y$

(4) $4-\frac{5}{2}a+3a-8=-\frac{5}{2}a+3a+4-8$

$=-\frac{5}{2}a+\frac{6}{2}a-4=\frac{1}{2}a-4$

(6) $(6x-5)-(-3x+8)=6x-5+3x-8$

$=6x+3x-5-8=9x-13$

2 (2) $6\times\frac{1}{6}y=6\times\frac{1}{6}\times y=1\times y=y$

(3) $15x\div 5=\frac{15x}{5}=3x$

(4) $3m\div 18=\frac{3m}{18}=\frac{m}{6}$

または，$3m\times\frac{1}{18}=3\times\frac{1}{18}\times m=\frac{1}{6}m$

(6) $\frac{3}{4}y\div\left(-\frac{7}{16}\right)=\frac{3}{4}y\times\left(-\frac{16}{7}\right)$

$=\frac{3}{4}\times\left(-\frac{16}{7}\right)\times y=-\frac{12}{7}\times y=-\frac{12}{7}y$

3 (1) $7(x+2)=7\times x+7\times 2=7x+14$

(2) $(4x-1)\times(-2)=4x\times(-2)+(-1)\times(-2)$

$=-8x+2$

(5) $(6x-4)\div 2=(6x-4)\times\frac{1}{2}=3x-2$

(6) $\frac{3x+8}{2}\times 4=(3x+8)\times 2=6x+16$

4 (1) $2(4x-10)+3(2x+9)=8x-20+6x+27$

$=14x+7$

(2) $5(-2x+1)-3(3x-1)=-10x+5-9x+3$

$=-19x+8$

p.17 予想問題

1 (1) 項… $3a$, -5　aの係数… 3

(2) 項… $-\frac{x}{2}$, $\frac{1}{3}$　xの係数… $-\frac{1}{2}$

2 (1) $a+1$　(2) $\frac{3}{4}b-3$

(3) $-x-1$　(4) $-5x$

(5) $3x-4$　(6) $2a-17$

3 和… $3x-2$　差… $15x+4$

4 (1) $24a-56$　(2) $-2m+5$

(3) $-4a+17$　(4) $-24a+30$

(5) $12x-23$　(6) $8x-7$

5 $(2n+1)$本

解説

2 (1) $5a-2-4a+3=5a-4a-2+3=a+1$

(2) $\frac{b}{4}-3+\frac{b}{2}=\frac{b}{4}+\frac{b}{2}-3=\frac{1}{4}b+\frac{2}{4}b-3$

$=\frac{3}{4}b-3$

(4) $(-2x+4)-(3x+4)=-2x+4-3x-4$

$=-2x-3x+4-4=-5x$

3 和… $(9x+1)+(-6x-3)=9x+1-6x-3$

$=3x-2$

差… $(9x+1)-(-6x-3)=9x+1+6x+3$

$=15x+4$

4 (2) $-(2m-5)=(-1)\times(2m-5)$ と考える。

(3) $(20a-85)\div(-5)=(20a-85)\times\left(-\frac{1}{5}\right)$

$=20a\times\left(-\frac{1}{5}\right)+(-85)\times\left(-\frac{1}{5}\right)=-4a+17$

別解 $(20a-85)\div(-5)$

$=\frac{20a-85}{-5}=\frac{20a}{-5}+\frac{-85}{-5}=-4a+17$

(4) $(-18)\times\frac{4a-5}{3}=(-6)\times(4a-5)$

$=-24a+30$

(5) $-2(4-3x)+3(2x-5)$

$=-8+6x+6x-15=12x-23$

(6) $\frac{1}{3}(6x-12)+\frac{3}{4}(8x-4)=2x-4+6x-3$

$=8x-7$

5 水平なマッチ棒がn本，斜めのマッチ棒が$n+1$(本)必要だから，$n+(n+1)=2n+1$

p.18～p.19 章末予想問題

1 (1) $-2ab-5$　(2) $3x-\frac{y^2}{2}$

(3) $\frac{a(b+c)}{4}$　(4) $\frac{a^2c}{3b}$

2 (1) $\frac{x}{12}$円　(2) $5a-b$

(3) $2(x+y)$ cm　(4) $\frac{2}{25}a$ kg

(5) $(a-7b)$ m　(6) ab m

3 1個x円のみかん2個と1個y円のりんご2個の代金の合計

4 (1) 54　(2) $-\frac{5}{2}$

5 (1) $3x-2$　(2) $-\frac{3}{2}a-\frac{1}{3}$

(3) $-\frac{7}{6}a-\frac{3}{4}$　(4) $-16x+12$

(5) $-9x+4$　(6) $-6x+1$

6 (1) $(3n+1)$本　(2) 31本

解説

4 (1) $3x+2x^2=3\times(-6)+2\times(-6)^2$

$=-18+72=54$

(2) $\frac{x}{2}-\frac{3}{x}=\frac{-6}{2}-\frac{3}{-6}=-3-\left(-\frac{1}{2}\right)=-\frac{5}{2}$

5 (2) $\frac{1}{2}a-1-2a+\frac{2}{3}=\frac{1}{2}a-2a-1+\frac{2}{3}$

$=\frac{1}{2}a-\frac{4}{2}a-\frac{3}{3}+\frac{2}{3}=-\frac{3}{2}a-\frac{1}{3}$

(3) $\left(\frac{1}{3}a-2\right)-\left(\frac{3}{2}a-\frac{5}{4}\right)=\frac{1}{3}a-2-\frac{3}{2}a+\frac{5}{4}$

$=\frac{2}{6}a-\frac{9}{6}a-\frac{8}{4}+\frac{5}{4}=-\frac{7}{6}a-\frac{3}{4}$

(4) $\frac{4x-3}{7}\times(-28)=(4x-3)\times(-4)$

$=-16x+12$

(5) $(-63x+28)\div7=(-63x+28)\times\frac{1}{7}$

$=-63x\times\frac{1}{7}+28\times\frac{1}{7}=-9x+4$

(6) $2(3x-7)-3(4x-5)=6x-14-12x+15$

$=-6x+1$

6 (1) 1個目の正方形のマッチ棒の本数を$1+3$と考え，それ以降も3本ずつ増えていくと考えて，$1+3\times n$(本)必要になる。

3章　1次方程式

p.21 テスト対策問題

1 (1) $4x+7=19$

(2) ① 11　② 15　③ 19　(3) ③

2 (1) ① 6　② 6　③ 6　④ 19

(2) ① 4　② 4　③ 4　④ -12

3 (1) $x=9$　(2) $x=-3$

(3) $x=8$　(4) $x=\frac{5}{6}$

(5) $x=5$　(6) $x=-5$

(7) $x=-3$　(8) $x=\frac{5}{3}$

(9) $x=-1$　(10) $x=2$

解説

1 (3) (2)の計算結果が，右辺の19になるxの値が答えになる。

2 (1) 等式の性質ではなく，移項の考え方で解くこともできる。

$x-6=13$
$x=13+6$ （左辺の -6 を右辺に移項する。）
$x=19$

3 ポイント　方程式を解くときは，文字の項を左辺に，数の項を右辺に移項して $ax=b$ の形に変形していく。

(1) $x+4=13$　$x=13-4$　$x=9$

(2) $x-2=-5$　$x=-5+2$　$x=-3$

(3) $3x-8=16$　$3x=16+8$　$3x=24$　$x=8$

(4) $6x+4=9$　$6x=9-4$　$6x=5$　$x=\frac{5}{6}$

(5) $x-3=7-x$　$x+x=7+3$　$2x=10$
$x=5$

(6) $6+x=-x-4$　$x+x=-4-6$
$2x=-10$　$x=-5$

(7) $4x-1=7x+8$　$4x-7x=8+1$
$-3x=9$　$x=-3$

(8) $5x-3=-4x+12$　$5x+4x=12+3$
$9x=15$　$x=\frac{5}{3}$

(9) $8-5x=4-9x$　$-5x+9x=4-8$
$4x=-4$　$x=-1$

(10) $7-2x=4x-5$　$-2x-4x=-5-7$
$-6x=-12$　$x=2$

p.22 予想問題 ❶

1 (1) $2x+3>15$　(2) $8a<100$

(3) $6x \geqq 3000$　(4) $2a=3b$

(5) $\frac{3}{10}x<y$　(6) $8a+b=50$

(7) $2x=x+6$　(8) $x-10+y \leqq 25$

(9) $80x=1040$　(10) $12-x \leqq -2$

解説

1 ポイント　等式は「=」を使って表す。
不等式は「<，>，≦，≧」を使って表す。

aはbより小さい…$a<b$
aはbより大きい…$a>b$
aはb以下である…$a \leqq b$
aはb以上である…$a \geqq b$
aはb未満である…$a<b$

〈式のつくり方〉

1 問題の中にある数量の関係を式に表す。わかりにくいときは図やことばの式で考える。

2 次に，その表した式や数との関係が等しいのか，大小の関係にあるのかを考える。

3 不等式のときは不等号の向きに注意して，式をつくる。

(1) $x \times 2+3>15$

(2) $a \times 8<100$

(3) $x \times 6 \geqq 3000$

(4) $a \times 2=b \times 3$

(5) ポイント　1％は $\frac{1}{100}$ と表せるから，
30％は $\frac{30}{100}$ と表せる。
果汁30％のジュースx mLにふくまれている果汁の量は，
$x \times \frac{30}{100}=\frac{3}{10}x$ (mL)
$\frac{3}{10}x<y$

(6) 配ったりんごの数は，$a \times 8=8a$（個）だから，りんごの総数は $(8a+b)$ 個になる。
※$50-8a=b$ という等式でもよい。

(7) $x \times 2=x+6$

(8) $x-10+y \leqq 25$

(9) (速さ)×(時間)=(道のり) より，
$80 \times x=1040$

(10) $12-x \leqq -2$

p.23 予想問題 ❷

1 (1) **1冊x円のノート3冊と1本y円の鉛筆5本の代金の合計は750円である。**

(2) **ノート1冊の値段は鉛筆1本の値段よりも高い。**

(3) **1本y円の鉛筆を7本買って，1000円札を出したときのおつりは250円より少ない。**

(4) **1冊x円のノート6冊と1本y円の鉛筆5本の代金の合計は1000円以上である。**

2 (1) -1　(2) 2　(3) 0

(4) 1

3 ㋐，㋓

解説

1 (1)(3)(4)　まず，左辺の表す式の意味を考える。

2 ポイント　それぞれの左辺と右辺に解の候補を代入して，両辺の値が等しくなれば，その候補の値はその方程式の解といえる。

(4) $\boxed{-2}$ 左辺$=4\times(-2-1)=-12$

右辺$=-(-2)+1=3$

$\boxed{-1}$ 左辺$=4\times(-1-1)=-8$

右辺$=-(-1)+1=2$

$\boxed{0}$ 左辺$=4\times(0-1)=-4$

右辺$=-0+1=1$

$\boxed{1}$ 左辺$=4\times(1-1)=0$

右辺$=-1+1=0$　等しい。

$\boxed{2}$ 左辺$=4\times(2-1)=4$

右辺$=-2+1=-1$

3 解が2だから，xに2を代入して，左辺＝右辺 となるものを見つける。

㋐ 左辺$=2-4=-2$

右辺$=-2$　等しい。

㋑ 左辺$=3\times2+7=13$

右辺$=-13$

㋒ 左辺$=6\times2+5=17$

右辺$=7\times2-3=11$

㋓ 左辺$=4\times2-9=-1$

右辺$=-5\times2+9=-1$　等しい。

より，㋐と㋓は2が解である。

p.24 予想問題 ❸

1 (1) ① $-$　② $-$　③ -5

④ $\boxed{2}$

(2) ① 3　② 3　③ 4

④ $\boxed{4}$

(3) ① $+3x$　② $+3x$　③ x

④ $\boxed{1}$

(4) ① $\frac{2}{3}$　② $\frac{2}{3}$　③ 4

④ $\boxed{3}$

2 (1) $x=-2$　(2) $x=49$

3 (1) ① $4x$　② $-4x$　③ -3

④ 6

(2) ① $5x$　② $-5x$　③ $+2$

④ 4　⑤ -8　⑥ -2

解説

1 ポイント　等式の性質を利用して，方程式を解けるようにしておく。

等式の性質の$\boxed{1}\boxed{2}$については，移項の考え方を利用することもできる。

等式の性質の$\boxed{3}\boxed{4}$については，どちらの考え方でも解けるが，考えやすい方で計算していけばよい。(2)では，xの係数が3なので，両辺を3でわり，(4)では，xの係数が$\frac{3}{2}$なので，$\frac{3}{2}$の逆数の$\frac{2}{3}$を両辺にかけている。

2 (1)

$$9x+2=8x$$
$$9x+2-8x=8x-8x$$
$$x+2=0$$
$$x+2-2=0-2$$
$$x=-2$$

(2)

$$\frac{1}{7}x=7$$
$$\frac{1}{7}x\times7=7\times7$$
$$x=49$$

3 ミス注意！　移項するときはその項の符号を変えて移す。符号を変えることを忘れないようにしよう。

ポイント　解を求めたら，その解で「検算」すると，その解が正しいかどうかを確かめることができるので，検算をするようにしよう。

p.25 予想問題 ❹

1 (1) $x=10$　(2) $x=7$
(3) $x=-8$　(4) $x=-\frac{5}{6}$
(5) $x=50$　(6) $x=-6$

2 (1) $x=5$　(2) $x=-7$
(3) $x=-4$　(4) $x=2$
(5) $x=9$　(6) $x=-8$
(7) $x=-6$　(8) $x=\frac{1}{4}$
(9) $x=3$　(10) $x=6$
(11) $x=7$　(12) $x=-7$

解説

1 (1) $x-7=3$　$x=3+7$　$x=10$
(2) $x+5=12$　$x=12-5$　$x=7$
(3) $-4x=32$　$-4x\times\left(-\frac{1}{4}\right)=32\times\left(-\frac{1}{4}\right)$
$x=-8$
別解 両辺を -4 でわると考えてもよい。
(5) $\frac{1}{5}x=10$　$\frac{1}{5}x\times5=10\times5$　$x=50$

2 (1) $3x-8=7$　$3x=7+8$　$3x=15$　$x=5$
(2) $-x-4=3$　$-x=3+4$　$-x=7$
$x=-7$
(3) $9-2x=17$　$-2x=17-9$　$-2x=8$
$x=-4$
(4) $6=4x-2$　$-4x=-2-6$　$-4x=-8$
$x=2$
(5) $4x=9+3x$　$4x-3x=9$　$x=9$
(6) $7x=8+8x$　$7x-8x=8$　$-x=8$
$x=-8$
(7) $-5x=18-2x$　$-5x+2x=18$
$-3x=18$　$x=-6$
(8) $5x-2=-3x$　$5x+3x=2$　$8x=2$
$x=\frac{1}{4}$
(9) $6x-4=3x+5$　$6x-3x=5+4$
$3x=9$　$x=3$
(10) $5x-3=3x+9$　$5x-3x=9+3$
$2x=12$　$x=6$
(11) $8-7x=-6-5x$　$-7x+5x=-6-8$
$-2x=-14$　$x=7$
(12) $2x-13=5x+8$　$2x-5x=8+13$
$-3x=21$　$x=-7$

p.27 テスト対策問題

1 (1) $x=3$　(2) $x=5$
(3) $x=2$　(4) $x=3$
(5) $x=-2$　(6) $x=33$

2 (1) ① $12+x$　② $80(12+x)$
③ $240x$
(2) $80(12+x)=240x$
(3) 8時18分　(4) できない。

3 (1) $x=14$　(2) $x=4$
(3) $x=\frac{21}{4}$　(4) $x=19$

解説

1 (1) $2x-3(x+1)=-6$　$2x-3x-3=-6$
$2x-3x=-6+3$　$-x=-3$　$x=3$
(2) $0.7x-1.5=2$ は係数が小数だから，両辺に 10 をかけてから解く。
$7x-15=20$　$7x=20+15$　$7x=35$
$x=5$
(3) 10 をかけて，$13x-30=2x-8$　$11x=22$
$x=2$
(4) 10 をかけて，$4(x+2)=20$　$4x+8=20$
$4x=12$　$x=3$
(5) $\frac{1}{3}x-2=\frac{5}{6}x-1$ の両辺に分母の公倍数の 6 をかけて，係数を整数に直してから解く。
$2x-12=5x-6$　$2x-5x=-6+12$
$-3x=6$　$x=-2$
(6) 12 をかけて，$4(x-3)=3(x+7)$
$4x-12=3x+21$　$x=33$

2 (3) $80(12+x)=240x$　$960+80x=240x$
$80x-240x=-960$　$-160x=-960$
$x=6$　$12+6=18$ (分)
(4) $1800=240x$　$x=7.5$　$16+7.5=23.5$ (分)
$80\times23.5=1880$ (m) より，兄は駅まで 23.5 分はかからないので，兄は駅に着いてしまう。

3 ポイント 比例式の性質より，
$a:b=c:d$ ならば，$ad=bc$ を利用する。
(1) $x:8=7:4$ より，$4x=56$ だから，$x=14$
(2) $3:x=9:12$ より，$36=9x$ だから，$x=4$
(3) $2:7=\frac{3}{2}:x$ より，$2x=\frac{21}{2}$ だから，$x=\frac{21}{4}$
(4) $5:2=(x-4):6$ より，
$30=2(x-4)$ だから，$x=19$

p.28 予想問題 ❶

1 (1) $x=-6$　(2) $x=1$
(3) $x=-3$　(4) $x=-7$

2 (1) $x=8$　(2) $x=-4$
(3) $x=-4$　(4) $x=-6$

3 (1) $x=-6$　(2) $x=6$
(3) $x=-5$　(4) $x=\frac{7}{4}$

4 (1) $x=-1$　(2) $x=8$

5 $a=-3$

解説

1 (1) $3(x+8)=x+12$　$3x+24=x+12$
$3x-x=12-24$　$2x=-12$　$x=-6$
(2) $2+7(x-1)=2x$　$2+7x-7=2x$
$7x-2x=-2+7$　$5x=5$　$x=1$
(3) $2(x-4)=3(2x-1)+7$
$2x-8=6x-3+7$　$2x-8=6x+4$
$2x-6x=4+8$　$-4x=12$　$x=-3$
(4) $9x-(2x-5)=4(x-4)$
$9x-2x+5=4x-16$　$7x+5=4x-16$
$7x-4x=-16-5$　$3x=-21$　$x=-7$

2 (1) 10 をかけて，$7x-23=33$　$7x=56$
$x=8$
(2) 100 をかけて，$18x+12=-60$
$18x=-72$　$x=-4$
(3) 100 をかけて，$100x+350=25x+50$
$100x-25x=50-350$　$75x=-300$
$x=-4$
(4) 10 をかけて，$6x-20=10x+4$
$6x-10x=4+20$　$-4x=24$　$x=-6$

3 (1) 6 をかけて，$4x=3x-6$　$x=-6$
(2) 4 をかけて，$2x-4=x+2$　$x=6$
(3) 6 をかけて，$2x-18=5x-3$　$-3x=15$
$x=-5$
(4) 30 をかけて，$6x-5=10x-12$　$-4x=-7$
$x=\frac{7}{4}$

4 (1) 6 をかけて，$3(x-1)=2(4x+1)$
$3x-3=8x+2$　$-5x=5$　$x=-1$
(2) 10 をかけて，$5(3x-2)=2(6x+7)$
$15x-10=12x+14$　$3x=24$　$x=8$

5 x に 2 を代入して，$4+a=7-6$ より，$a=-3$

p.29 予想問題 ❷

1 (1) ① $4x$　② 13　③ $5x$
④ 15
(2) $(4x+13)$ 枚
$(5x-15)$ 枚
(3) 方程式…$4x+13=5x-15$
人数…28 人
枚数…125 枚

2 方程式…$5x-12=3x+14$
ある数…13

3 方程式…$45+x=2(13+x)$
19 年後

4 方程式…$\frac{x}{2}+\frac{x}{3}=4$
道のり…$\frac{24}{5}$ km

5 (1) $x=10$　(2) $x=3$

解説

1 (3) $4x+13=5x-15$　$4x-5x=-15-13$
$-x=-28$　$x=28$
画用紙の枚数…$4\times28+13=125$ (枚)

2 $5x-12=3x+14$　$5x-3x=14+12$
$2x=26$　$x=13$

3 $45+x=2(13+x)$　$45+x=26+2x$
$x-2x=26-45$　$-x=-19$　$x=19$

4 表にして整理する。

	行き（山のふもとから山頂）	帰り（山頂から山のふもと）
速さ (km/h)	2	3
時間 (時間)	$\frac{x}{2}$	$\frac{x}{3}$
道のり (km)	x	x

$\frac{x}{2}+\frac{x}{3}=4$　6 をかけて，$3x+2x=24$
$5x=24$　$x=\frac{24}{5}$

5 (1) $x:6=5:3$ より，$x\times3=6\times5$
$3x=30$　$x=10$
(2) $1:2=4:(x+5)$ より，$1\times(x+5)=2\times4$
$x+5=8$　$x=3$

p.30〜p.31 章末予想問題

1 (1) × (2) ○ (3) × (4) ○

2 (1) $x=7$ (2) $x=4$

(3) $x=-3$ (4) $x=6$

(5) $x=13$ (6) $x=-2$

(7) $x=-18$ (8) $x=2$

3 (1) $x=6$ (2) $x=36$

(3) $x=5$ (4) $x=8$

4 160円

5 (1) $5x+8=6(x-1)+2$

(2) 長いす… 12 脚 生徒… 68 人

6 (1) $(360-x):(360+x)=4:5$

(2) 40 mL

解説

1 与えられた x の値を方程式の左辺と右辺に代入して両辺の値が等しくなるか調べる。

2 (4) 10 をかけて，$4x+30=10x-6$

$-6x=-36$ $x=6$

(5) かっこをはずして，$5x+25=10-24+8x$

$-3x=-39$ $x=13$

(6) 10 をかけて，$6(x-1)=34x+50$

$6x-6=34x+50$ $-28x=56$ $x=-2$

(7) 24 をかけて，$16x-6=15x-24$ $x=-18$

(8) 12 をかけて，$4(x-2)-3(3x-2)=-12$

$4x-8-9x+6=-12$ $-5x=-10$ $x=2$

3 **ポイント** $a:b=c:d$ ならば，$ad=bc$

(1) $2x=12$ $x=6$

(2) $9\times32=8x$ $x=36$

(3) $2x=10$ $x=5$

(4) $3(x+2)=30$ $3x+6=30$ $3x=24$

$x=8$

4 $1000-5x=200$ より，$x=160$

5 (1) 生徒の人数は，

5 人ずつだと 8 人すわれない → $(5x+8)$ 人

6 人ずつだと最後の 1 脚は 2 人

→ $\{6(x-1)+2\}$ 人

と表せる。6 人ずつすわる長いすの数は $(x-1)$ 脚になることに注意する。

(2) (1)を解くと $x=12$ だから，生徒の人数は，

$5\times12+8=68$ (人)

6 (2) $5(360-x)=4(360+x)$ より，$x=40$

4章 比例と反比例

p.33 テスト対策問題

1 (1) $y=80x$ 比例定数… 80

(2) $y=3x$ 比例定数… 3

2 (1) $-4\leqq x\leqq3$ (2) $0<x<7$

3 (1) ① $y=2x$ ② $y=-10$

(2) ① $y=-4x$ ② $y=20$

4 A(2, 3) B(0, 4)

C(−4, −2) D(4, −4)

5

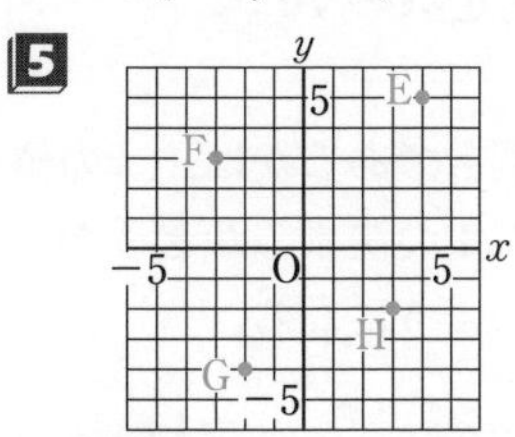

解説

1 **ポイント** 比例定数は，比例では $y=ax$ の形で表された式の a のことである。

2 **注意** 変域は不等号「<，>，≦，≧」を使って表す。

a は b より小さい…$a<b$

a は b より大きい…$a>b$

a は b 以下である…$a\leqq b$

a は b 以上である…$a\geqq b$

a は b 未満である…$a<b$

3 **ポイント** y は x に比例するので，比例定数を a として，$y=ax$ とおき，x，y の値を代入して a の値を求める。

(1) ① $x=3$，$y=6$ を代入すると，

$6=a\times3$ だから，$a=2$ となり，$y=2x$

② $y=2x$ に $x=-5$ を代入すると，

$y=2\times(-5)=-10$

(2) ① $x=6$，$y=-24$ を代入すると，

$-24=a\times6$ だから，$a=-4$ となり，

$y=-4x$

② $y=-4x$ に $x=-5$ を代入すると，

$y=-4\times(-5)=20$

5 (4, 5) で表される座標は，左側の数字が x 座標，右側の数字が y 座標を表すから，E は原点 O から右へ 4，上へ 5 進んだ点である。F，G，H も同じように考える。

p.34 予想問題 ❶

1 ㋐，㋑，㋒，㋔

2 (1) $-2<x<5$　(2) $-6\leqq x<4$

3 (1) ① 54　② 72　③ 90

(2) 2倍，3倍，… になる。

(3) $y=6x$

(4) いえる。

4 (1) $y=8x$　比例定数… 8

(2) $y=45x$　比例定数… 45

(3) $y=70x$　比例定数… 70

解説

1 ポイント　y が x の関数であるかは，x の値を決めると y の値がただ1つ決まるかどうかで判断する。関係式は次のようになる。

㋐ $y=\frac{5}{2}x$　㋑ $y=x^2$　㋒ $y=4x$

㋓ x の値を決めても，y の値がただ1つに決まらないから，y は x の関数ではない。

㋔ 円周率を3.14とすると，$y=3.14x^2$

3 (1) 長方形の面積は，(縦)×(横) で求められるから，

① $6\times9=54$　② $6\times12=72$

③ $6\times15=90$

(2) $x=0$，$y=0$ のときを除くと，x の値が2倍になると y の値も2倍になり，x の値が3倍，…になると y の値も3倍，…になる。

(3) (1)より，$y=6x$

別解 $x\neq0$ のときの x と y の値を調べる。

$\frac{y}{x}=\frac{18}{3}=6$，$\frac{y}{x}=\frac{36}{6}=6$

(4) $y=ax$ の形で表されているので，比例するといえる。

4 ポイント　$y=ax$ の形で表されるときの a の値が比例定数である。

(1) (長方形の面積)=(縦)×(横) より，
$y=x\times8$ だから，$y=8x$

(2) (1 m の値段)×(買った針金の長さ)=(代金) より，
$45\times x=y$ だから，$y=45x$

(3) (道のり)=(速さ)×(時間) より，
$y=70\times x$ だから，$y=70x$

p.35 予想問題 ❷

1 (1) $y=4x$　(2) $y=-5x$

(3) $y=-6$　(4) $x=-\frac{4}{3}$

2 (1) $y=16x$　(2) 1200 km

(3) 25 L

3 (1) A(4, 6)　B(−7, 3)　C(−5, −7)　D(0, −3)

(2)

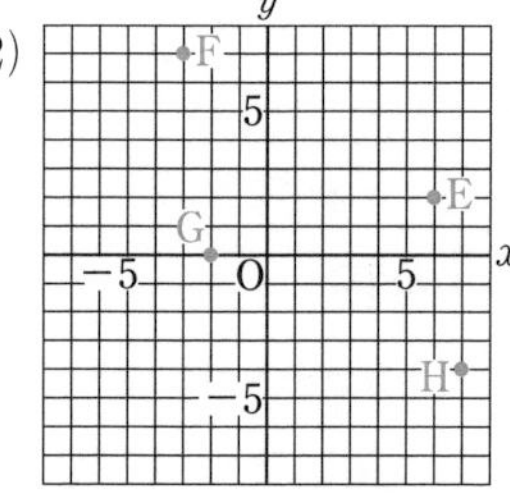

解説

1 (2) y は x に比例するので，比例定数を a として，$y=ax$ に $x=-4$，$y=20$ を代入すると，$20=a\times(-4)$ より，$a=-5$ だから，$y=-5x$

(3) $y=\frac{3}{2}x$ に $x=-4$ を代入。

(4) $y=6x$ に $y=-8$ を代入。

2 (1) 1 L 当たり $320\div20=16$ (km) 走る。

(2) (1)で求めた $y=16x$ に，$x=75$ を代入。

(3) (1)で求めた $y=16x$ に，$y=400$ を代入。

p.37 テスト対策問題

1

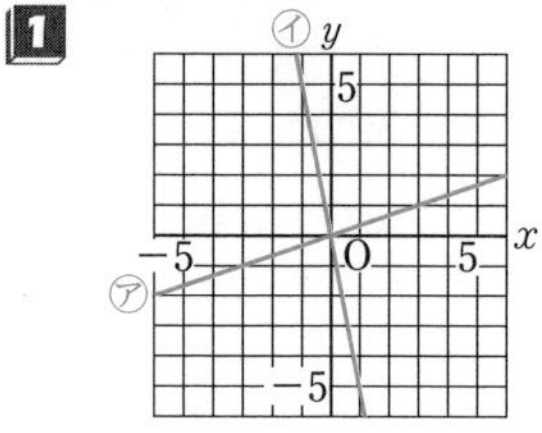

2 $y=\frac{3}{4}x$

3 (1) $y=\frac{40}{x}$

(2) $y=-\frac{12}{x}$

(3) 右の図

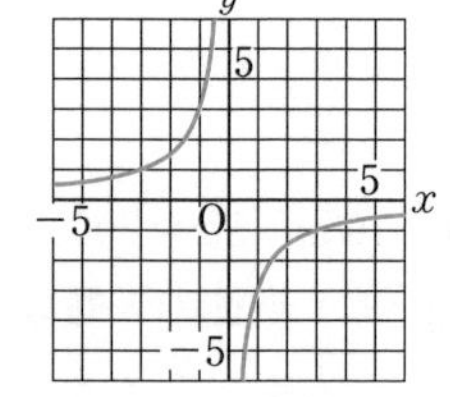

4 (1) $y=6x$

(2) x の変域　$0\leqq x\leqq12$

y の変域　$0\leqq y\leqq72$

解説

1 ポイント　比例のグラフは原点以外に x 座標が1の点か，x 座標と y 座標が整数となる点を1つ求めて，原点とその点を結ぶ直線をかく。

㋐　$y=\frac{1}{3}x$ に $x=3$ を代入すると，

$y=\frac{1}{3}\times3=1$ より，原点と点 $(3,\ 1)$ を結ぶ直線をかく。

㋑　$y=-5x$ に $x=1$ を代入すると，

$y=-5\times1=-5$ より，原点と点 $(1,\ -5)$ を結ぶ直線をかく。

2　**注意**　読み取る点の座標は x，y 座標ともに整数となる点を選ぶ。

ここでは $(4,\ 3)$ を使って考える。

比例定数を a として，$y=ax$ に $x=4$，$y=3$ を代入すると，$3=a\times4$ より，

$a=\frac{3}{4}$ だから，$y=\frac{3}{4}x$

3　**ミス注意!**　「y を x の式で表しなさい。」は「$y=$～」の形で答える。

(1)　毎分 x L ずつ水を入れていくと y 分で満水の 40 L になるから，$xy=40$ が成り立つので，

$y=\frac{40}{x}$

(2)　y は x に反比例するので，比例定数を a として，$y=\frac{a}{x}$，または $xy=a$ に $x=4$，$y=-3$ を代入すると，$-3=\frac{a}{4}$，または $4\times(-3)=a$ より，$a=-12$ だから，$y=-\frac{12}{x}$

(3)　**ポイント**　反比例のグラフは，x 座標と y 座標が整数となる点をできるだけ多くとって，なめらかな曲線をかく。ここでは，$(1,\ -3)$，$(3,\ -1)$，$(-1,\ 3)$，$(-3,\ 1)$ の点をとって，曲線をかく。

4　(1)　点PがBを出発してから x 秒後の BP の長さは，BP$=x$ cm

また，AB$=12$ cm であるから，

$y=\frac{1}{2}\times\text{BP}\times\text{AB}=\frac{1}{2}\times x\times12$

$=6x$

(2)　点PがBを出発するとき，$x=0$

点PがCに到着するとき，$x=12$

よって，x の変域は $0\leqq x\leqq12$

また，$x=0$ のとき，$y=0$

$x=12$ のとき，$y=6\times12=72$

よって，$0\leqq y\leqq72$

p.38　予想問題 ❶

1

(1)

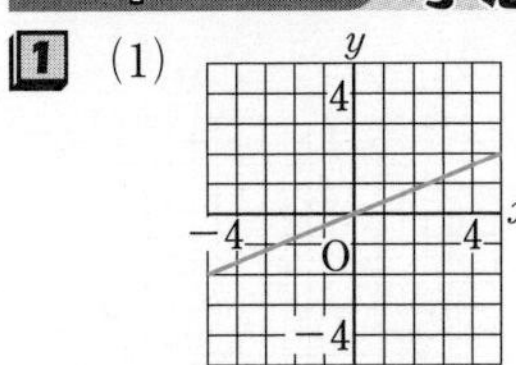

(2)

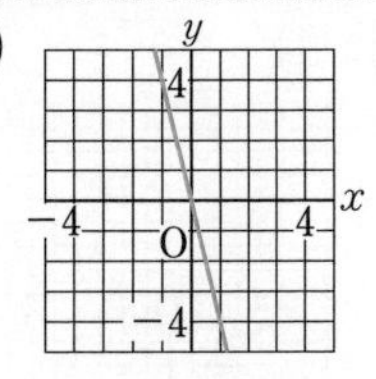

(3)

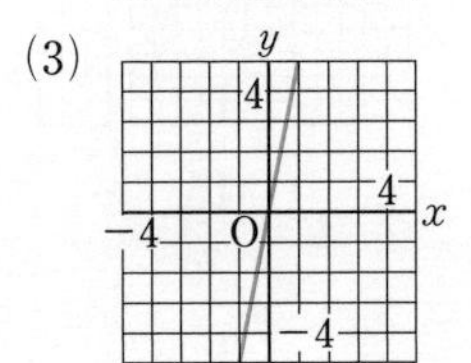

(4)

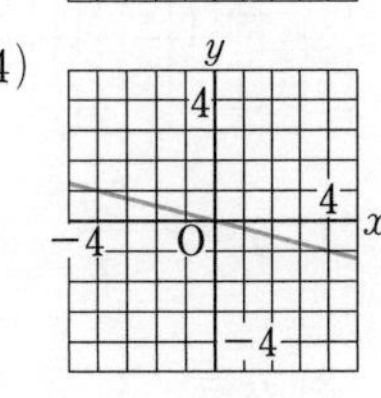

2　(1) $\boldsymbol{y=3x}$　　(2) $\boldsymbol{y=-\frac{3}{2}x}$

3　(1) $\boldsymbol{y=\frac{21}{x}}$　　(2) **42 日間**

(3) $\boldsymbol{\frac{3}{4}}$ **L**

解説

1　**ポイント**　グラフをかくための座標は整数になる点を選ぶ。$y=ax$ の a が分数のときは分母の数字を x 座標の値にするとよい。

(1)　$y=\frac{2}{5}x$ に $x=5$ を代入すると，

$y=\frac{2}{5}\times5=2$ より，原点と点 $(5,\ 2)$ を結ぶ直線をかく。

(4)　$y=-\frac{1}{4}x$ に $x=4$ を代入すると，

$y=-\frac{1}{4}\times4=-1$ より，原点と点 $(4,\ -1)$ を結ぶ直線をかく。

2　**ポイント**　比例のグラフなので，比例定数を a として，$y=ax$ と表せる。読み取る点は座標の値が整数となる点を選ぶとよい。

(1)　点 $(1,\ 3)$ を通っているので，

$y=ax$ に $x=1$，$y=3$ を代入して，

$3=a\times1$ より $a=3$ だから，$y=3x$

(2)　点 $(2,\ -3)$ を通っているので，

$y=ax$ に $x=2$，$y=-3$ を代入して，

$-3=a\times2$ より $a=-\frac{3}{2}$ だから，$y=-\frac{3}{2}x$

3　(1)　灯油の総量は $0.6\times35=21$ (L) だから，

x と y の関係式は $xy=21$ より，$y=\frac{21}{x}$

(2)　$xy=21$ に $x=0.5$ を代入する。

(3)　$xy=21$ に $y=28$ を代入する。

p.39 予想問題 ❷

1 (1) (2)

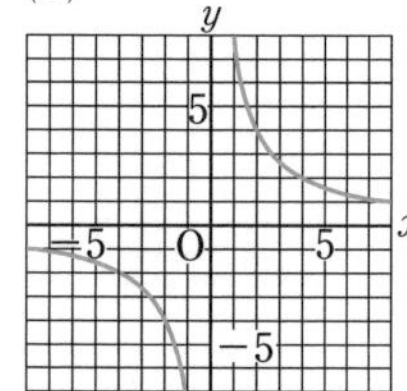

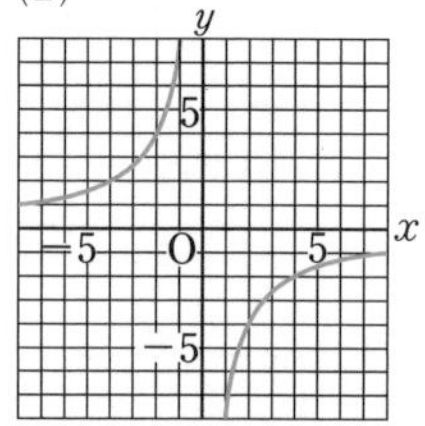

2 (1) $y=-\dfrac{20}{x}$　(2) $y=\dfrac{15}{x}$

(3) $y=-3$　(4) $y=\dfrac{6}{x}$

3 (1) $y=4x$　(2) **8000 g**

解説

1 x 座標と y 座標が整数となる点をできるだけ多くとって，なめらかな曲線をかく。

(1) (1, 8), (2, 4), (4, 2), (8, 1) を通る曲線と，(−1, −8), (−2, −4), (−4, −2), (−8, −1) を通る曲線をかく。

(2) (−1, 8), (−2, 4), (−4, 2), (−8, 1) を通る曲線と，(1, −8), (2, −4), (4, −2), (8, −1) を通る曲線をかく。

2 (1) 反比例の比例定数は $y=\dfrac{a}{x}$ の a のことだから，$a=-20$ より，$y=-\dfrac{20}{x}$

(2) 比例定数を a として，$y=\dfrac{a}{x}$ に $x=-3$，$y=-5$ を代入すると，$-5=\dfrac{a}{-3}$ より，$a=15$ だから，$y=\dfrac{15}{x}$

(3) $y=-\dfrac{24}{x}$ に $x=8$ を代入する。

$y=-\dfrac{24}{8}=-3$

(4) グラフから，通る点 (1, 6), (2, 3), (3, 2), (6, 1) などを読み取って，$y=\dfrac{a}{x}$ に代入する。

3 (1) このコピー用紙 1 枚の重さは，$200\div50=4$ (g) であるから，$y=4\times x=4x$

(2) (1)の式に $x=2000$ を代入して，$y=4\times2000=8000$

別解 2000 枚の重さを y g とすると，

$50:2000=200:y$ ⇨ $y=8000$

p.40～p.41 章末予想問題

1 (1) $y=\dfrac{1}{20}x$，○

(2) $y=50-3x$，×

(3) $y=\dfrac{300}{x}$，△

2 (1) $y=3$　(2) $x=12$

3 (1)(2) (3)(4)

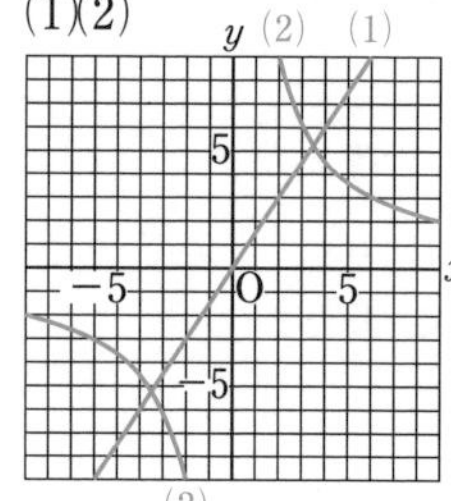

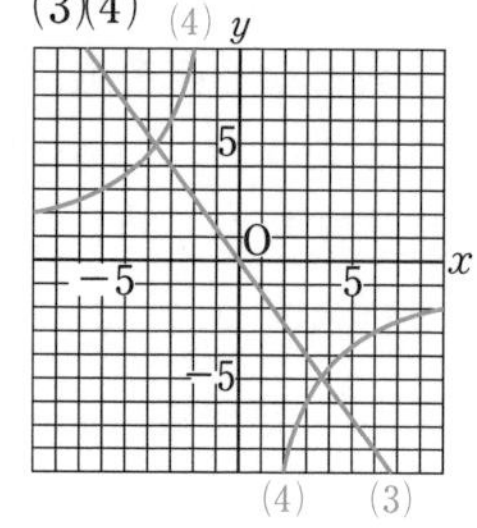

4 (1) $y=\dfrac{720}{x}$　(2) **20 回転**

(3) **48**

5 (1)

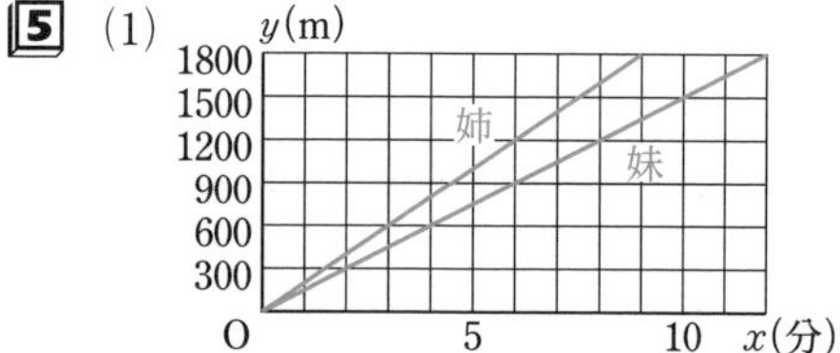

(2) **6 分後**　(3) **450 m のところ**

解説

1 ポイント $y=ax$ の形の式のとき，比例。

$y=\dfrac{a}{x}$ の形の式のとき，反比例。

2 (1) $y=\dfrac{2}{3}x$ → $y=\dfrac{2}{3}\times4.5=\dfrac{2}{3}\times\dfrac{9}{2}=3$

(2) $xy=-24$ → $x\times(-2)=-24$ より，$x=12$

4 (1) かみ合う歯車では，(歯の数)×(1 分間の回転数) が等しいので，$xy=40\times18=720$

5 (1) 1, 2, 3, …分後の進んだ道のりを計算して，時間を x，進んだ道のりを y とする座標で表される点をとって，直線で結ぶ。

(2) 姉… $y=200x$　妹… $y=150x$

$200x-150x=300$ より，$x=6$

(3) $y=200x$ の式に $y=1800$ を代入すると，$1800=200x$ より，$x=9$ になる。

9 分後の妹は $150\times9=1350$ (m) の地点にいるので，妹は図書館まであと $1800-1350=450$ (m) のところにいる。

5章　平面図形

p.43　テスト対策問題

1　(1) **点D**　　(2) **点B**

2　(1)

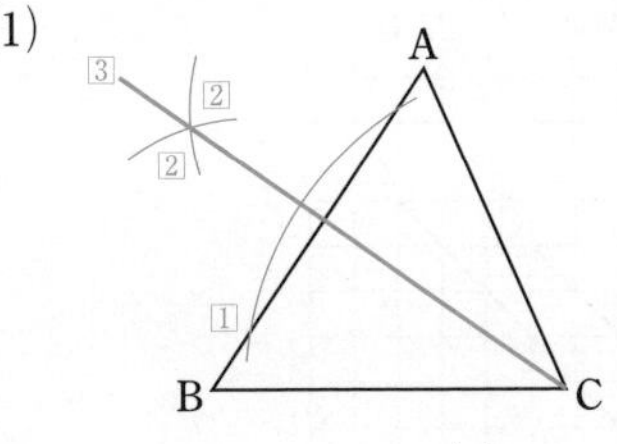

(2)　(3)

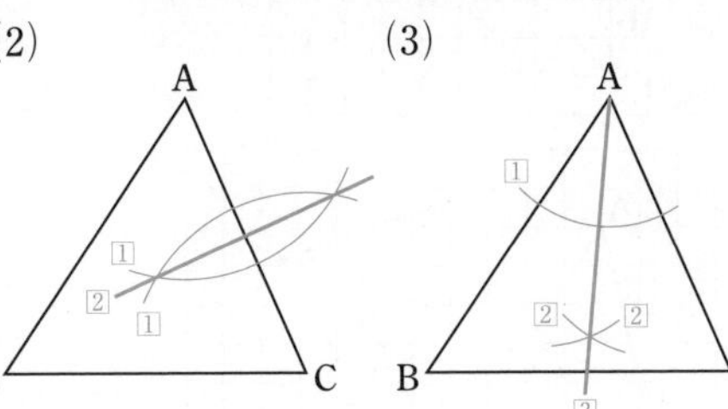

3　(1)　(2)

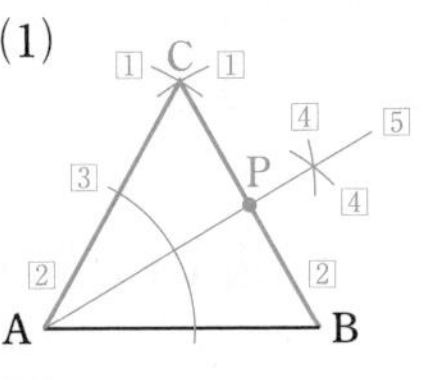

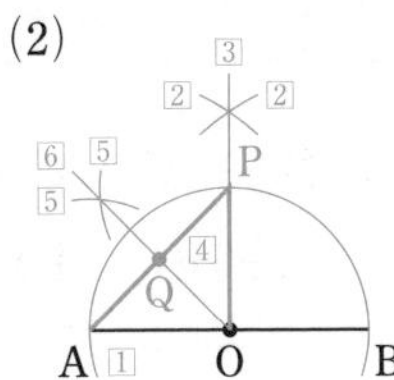

解説

1　各点から直線 ℓ に垂線を引いて考える。

2　**注意**　作図は定規とコンパスだけを使う。
作図でかいた線は消さずに残しておく。

(1)　頂点Cから辺ABへ引いた垂線とABとの交点をHとすると，線分CHは，ABを底辺としたときの△ABCの高さを表している。

3　(2)　∠AOQ＝45° となるように作図する。

p.44　予想問題

1

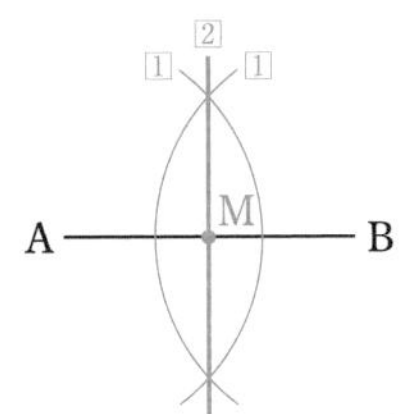

2　(方法1)　(方法2)

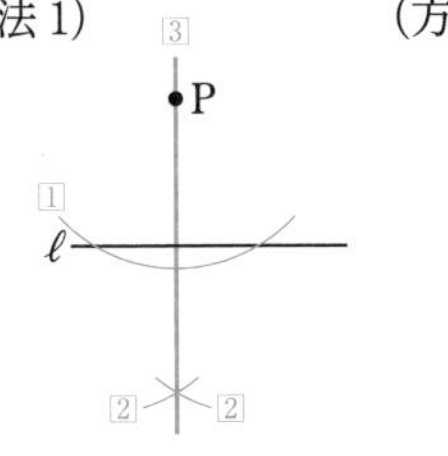

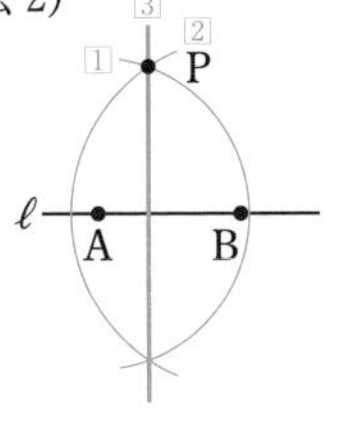

3　(1)　(2)

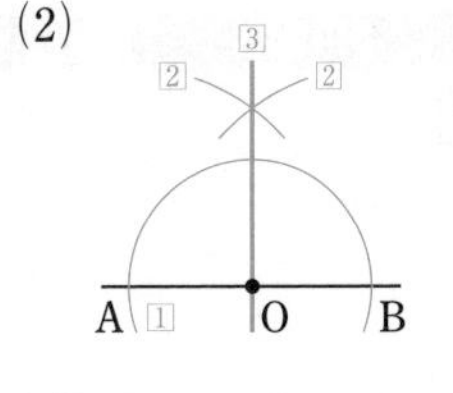

4　(1)　(2)

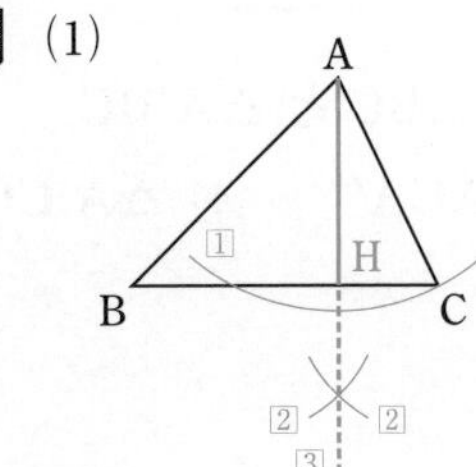

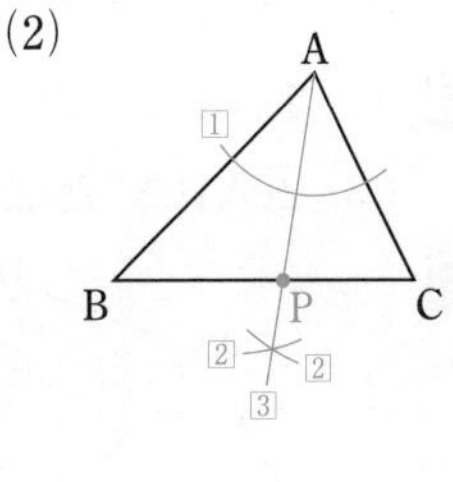

解説

4　(1)　三角形の高さは，1つの頂点と，その頂点と向かい合う辺との距離である。ここでは，Aから辺BCに垂線を引き，辺BCとの交点をHとするとき，線分AHの長さが求める高さとなる。

(2)　角の二等分線上の点は，その角の2辺から等しい距離にある。よって，∠Aの二等分線と辺BCとの交点が求める点Pとなる。

p.46　テスト対策問題

1　(1) **△ABC**　　(2) **△ADB**

(3) **△ABO**

2　(1)　(2)

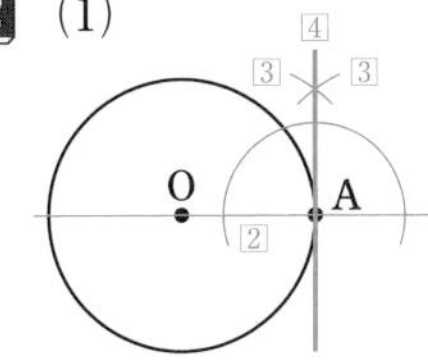

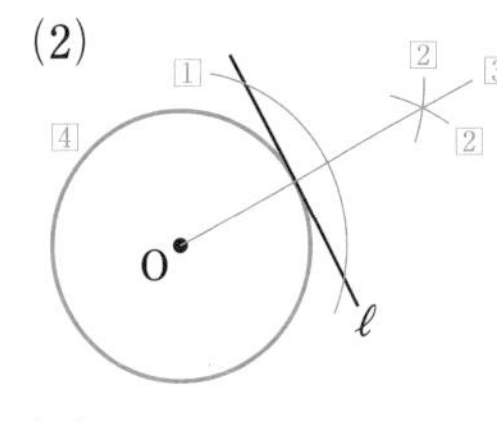

3　(1) **辺HG**　　(2) **∠CDE**

(3) ①　＝　　②　＝　　③　⊥

④　//　　⑤　//

解説

1　(3)　△DCO
＝△DBC－△BOC
＝△ABC－△BOC
＝△ABO

2　(1)　半径OAと垂直に交わる直線が接線である。

(2)　点Oから直線 ℓ に引いた垂線と直線 ℓ との交点が接点になる。

p.47 予想問題 ❶

1

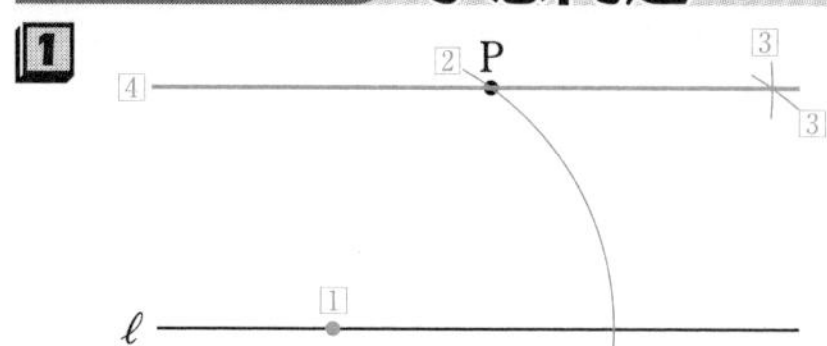

2 (1) **5 cm**　(2) **△ABC と △A′BC**

(3) **△ABA′ と △ACA′**　(4) **△A′CO**

3

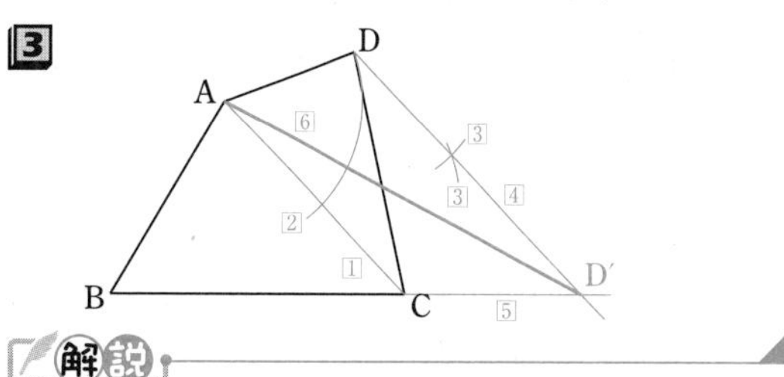

解説

3 AC∥DD′ となる点 D′ を直線 BC 上にとると，△DAC＝△D′AC となり，
四角形 ABCD＝△ABD′

p.48 予想問題 ❷

1

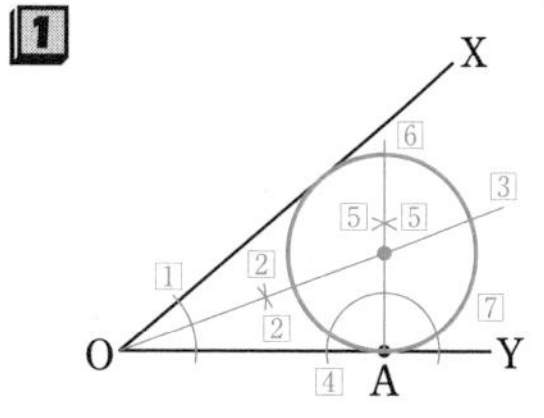

2

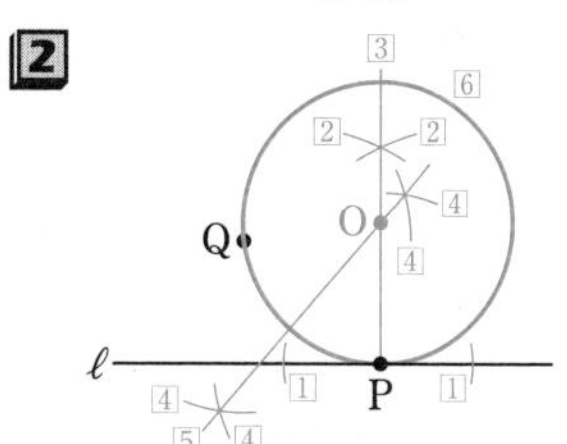

3

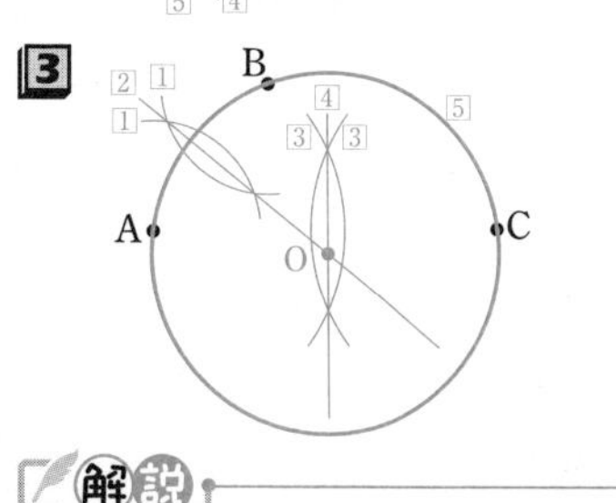

解説

1 ∠XOY の二等分線と点Aを通る OY の垂線との交点が，作図する円の中心となる。

3 線分の垂直二等分線上の点は，線分の両端から等しい距離にあるので，作図する円の中心は，線分 AB と線分 AC の垂直二等分線の交点となる。

p.49 予想問題 ❸

1 (1)

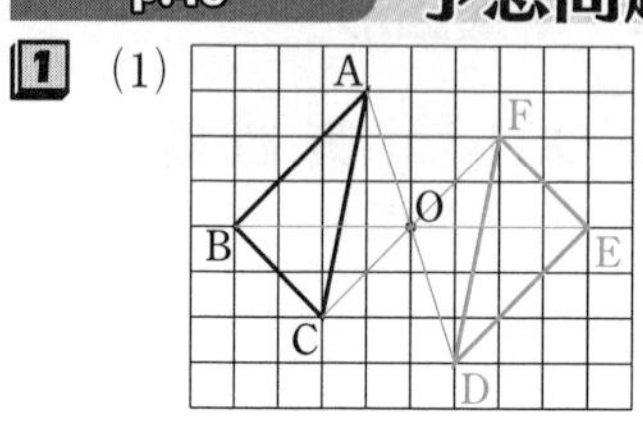

(2)

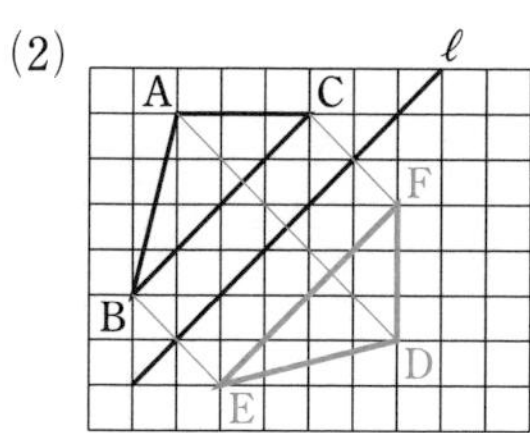

2

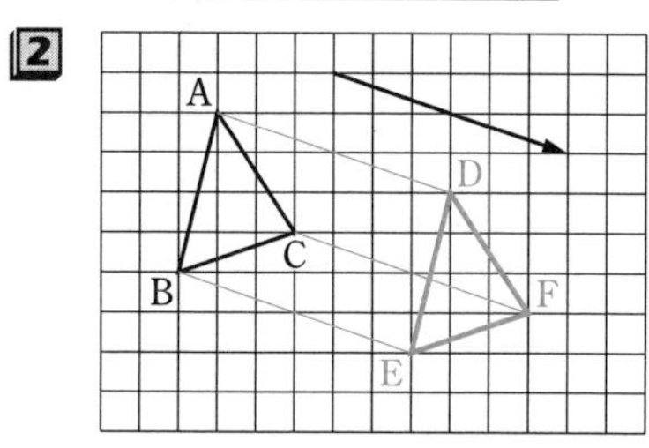

3 (1) **線分 BE，線分 CF**

(2) **∠EDG, ∠FDH**　(3) **辺 DE, 辺 DG**

p.50～p.51 章末予想問題

1 (1) **辺…辺 CB，角…∠BAD**

(2) **辺…辺 CD，角…∠CAB**

(3) **AB∥DC，AD∥BC**　(4) **180°**

2

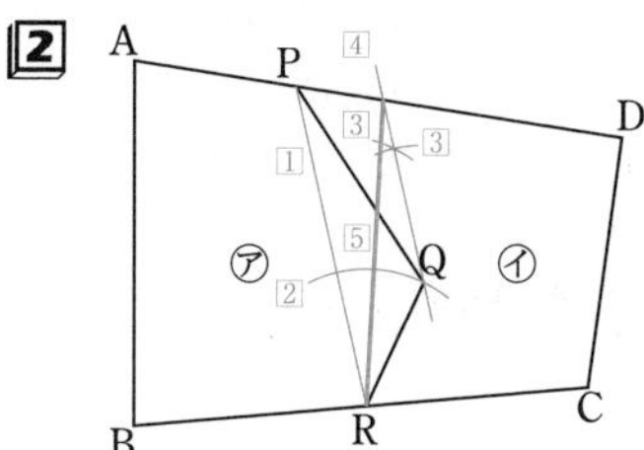

3 (1) **54°**　(2)

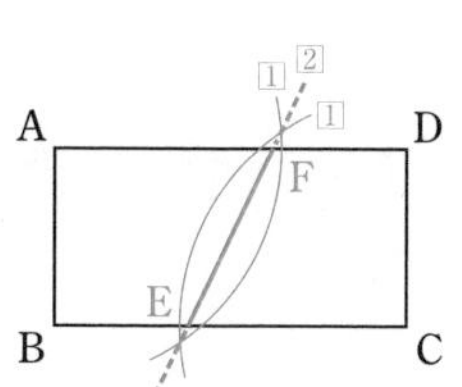

4 (1)　(2)

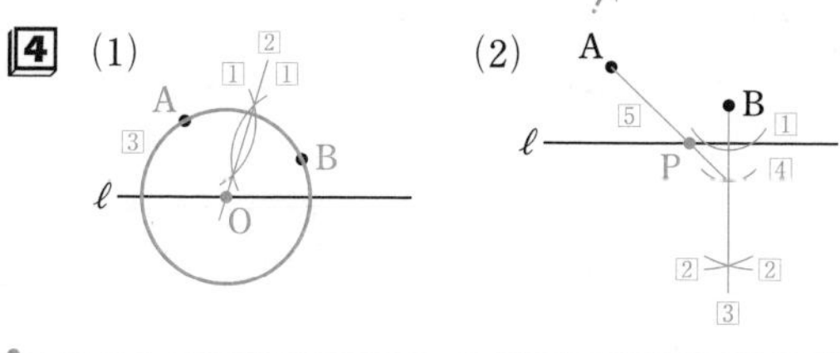

6章　空間図形

p.53 テスト対策問題

1 (1) ① 角柱　② 三角柱
③ 四角柱　④ 円柱
(2) ① 角錐　② 三角錐
③ 四角錐　④ 円錐

2 (1) 線分 AB
(2)

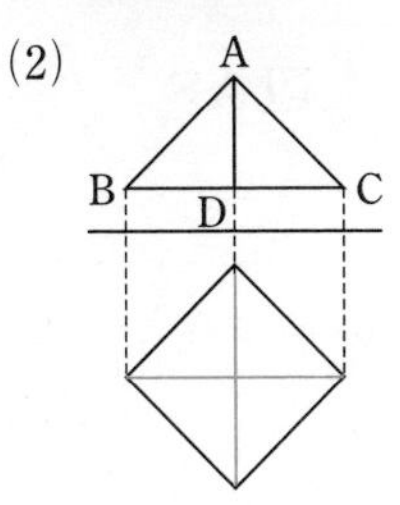

3 (1) 辺 AE，辺 EF，辺 DH，辺 HG
(2) 面 ABFE，面 DGH
(3) 5本　(4) 面 EFGH

解説

3 (1)　面 AEHD や面 EFGH は長方形だから，
EH⊥AE，EH⊥EF，EH⊥DH，EH⊥HG
(2)　AD⊥AB，AD⊥AE より，辺 AD は平面 ABFE と点Aで交わり，A を通る 2 つの直線 AB，AE に垂直であるから，辺 AD は平面 ABFE に垂直である。
また，AD⊥DC，AD⊥DH より，AD は DC，DH をふくむ面 DCGH，すなわち面 DGH と垂直である。
(3)　ポイント　ねじれの位置にある辺は，平行でなく，交わらない辺を調べる。
辺 BD と平行でなく，交わらない辺は，
辺 AE，EF，FG，GH，HE の 5 本になる。
(4)　面 ABCD と平行な面を考える。

p.54 予想問題 ❶

1 (1) 球　(2) 三角錐
(3) 四角柱

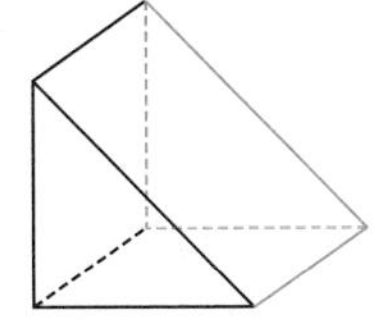

3 (左から順に)
㋐ 5，五面体，三角形，長方形
㋑ 三角錐，四面体，三角形，6
㋒ 四角柱，6，六面体，長方形，12
㋓ 5，四角形，三角形，8
㋔ 円柱，円　㋕ 円錐，円

p.55 予想問題 ❷

1 ㋑，㋒，㋓，㋕

2 (1) 辺 DC，辺 EF，辺 HG
(2) 面 AEHD，面 DCGH
(3) 面 DCGH
(4) 辺 BF，辺 FG，辺 CG，辺 BC
(5) 辺 BC，辺 DC，辺 FG，辺 HG
(6) 辺 AD，辺 BC，辺 AE，辺 BF
(7) 面 ABCD，面 BFGC，
面 EFGH，面 AEHD

3 (1) 90°　(2) 45°
(3) 面 ABC，面 DEF

解説

1　ポイント　一直線上にない 3 点が決まれば，平面は 1 つに決まる。
㋐「2 点をふくむ平面」は無数にある。
㋔「ねじれの位置にある 2 直線をふくむ平面」は存在しない。

2 (1)　辺 AB と同じ平面 ABCD 上にあり，辺 AB と向かい合う辺 DC と，辺 AB と同じ平面 ABFE 上にあり，辺 AB と向かい合う辺 EF と，辺 EF と同じ平面 EFGH 上にあり，辺 EF と向かい合う辺 HG の 3 本。
(3)　面 DCGH 上の 3 点 D，C，G から平面 ABFE までの距離は，DA=CB=GF で等しいから，平行である。
(7)　面 ABFE と面 ABCD のつくる角は ∠CBF で，∠CBF=90° だから垂直である。
他も同様に考える。

3 (1)　面 ABC と面 ACFD のつくる角は ∠BCF で，∠BCF=90° である。
(2)　面 ABED と面 BEFC のつくる角は ∠ABC で，∠ABC=45° である。

p.57 テスト対策問題

1 横の長さ…6π cm　表面積…54π cm^2

2 $\dfrac{7}{12}$倍　7π cm　21π cm^2

3 (1) 90°　(2) 16π cm^2

4 (1) 120 cm^2　(2) 12π cm^2

5 (1) 192 cm^3　(2) 147π cm^3

解説

1 ポイント　側面になる長方形の横の長さは，円柱の底面の円の円周の長さと等しい。

表面積は，$6\times(2\pi\times3)+(\pi\times3^2)\times2=54\pi$ (cm^2)

2 中心角で比べて，$\dfrac{210}{360}=\dfrac{7}{12}$ (倍)

弧の長さは，$(2\pi\times6)\times\dfrac{7}{12}=7\pi$ (cm)

面積は，$(\pi\times6^2)\times\dfrac{7}{12}=21\pi$ (cm^2)

3 ポイント　円錐の側面になるおうぎ形の弧の長さは，底面の円の円周の長さに等しい。

(1) 底面の円の円周の長さは　$2\pi\times2=4\pi$ (cm)
また，半径 8 cm の円の円周の長さは
$2\pi\times8=16\pi$ (cm)　よって，弧の長さは円の円周の長さの $\dfrac{4\pi}{16\pi}=\dfrac{1}{4}$

よって，求める中心角は $360°\times\dfrac{1}{4}=90°$

(2) おうぎ形の面積は，中心角に比例するから，

$\pi\times8^2\times\dfrac{90}{360}=16\pi$ (cm^2)

別解 おうぎ形の半径を r，弧の長さを ℓ，面積を S とすると，$S=\dfrac{1}{2}\ell r$ で求められるから，$\dfrac{1}{2}\times(2\pi\times2)\times8=16\pi$ (cm^2)

4 (1) 側面積　$\left(\dfrac{1}{2}\times6\times7\right)\times4=84$ (cm^2)

底面積　$6\times6=36$ (cm^2)

表面積　$84+36=120$ (cm^2)

(2) 側面積　$(\pi\times4^2)\times\dfrac{2\pi\times2}{2\pi\times4}=8\pi$ (cm^2)

底面積　$\pi\times2^2=4\pi$ (cm^2)

表面積　$8\pi+4\pi=12\pi$ (cm^2)

5 (1) $\dfrac{1}{3}\times(8\times8)\times9=192$ (cm^3)

(2) $\dfrac{1}{3}\times(\pi\times7^2)\times9=147\pi$ (cm^3)

p.58 予想問題 ❶

1 (1) 四角柱　(2) 五角柱　(3) 円柱

2 (1) 母線

(2) (上から順に)

㋐ 円柱，長方形，円

㋑ 円錐，二等辺三角形，円

㋒ 球，円，円

3 (1) 正三角錐

(2) 頂点 D，頂点 F　辺 AF

(3) 辺 DE (辺 FE)

解説

3 展開図を組み立ててできる立体は，右の図のような正三角錐になる。

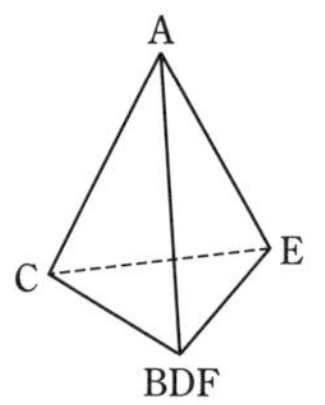

(3) 辺 AC と辺 AB (AF)，AE，CE，BC (DC) はそれぞれ交わっている。

p.59 予想問題 ❷

1 (1) 半径… 9 cm　中心角…160°

(2) 弧の長さ… 8π cm　面積… 36π cm^2

2 (1) 表面積… 132 cm^2　体積… 72 cm^3

(2) 表面積… 896 cm^2　体積… 1568 cm^3

(3) 表面積… 72π cm^2　体積… 80π cm^3

(4) 表面積… 24π cm^2　体積… 12π cm^3

3 表面積… 27π cm^2　体積… 18π cm^3

解説

1 (1) 側面になるおうぎ形の半径は，円錐の母線の長さに等しいから 9 cm である。

中心角は，$360°\times\dfrac{2\pi\times4}{2\pi\times9}=160°$

(2) 側面になるおうぎ形の弧の長さは，底面の円の円周の長さに等しいから，$2\pi\times4=8\pi$ (cm)

面積は $(\pi\times9^2)\times\dfrac{160}{360}=36\pi$ (cm^2)

2 (4) 表面積は，

$\dfrac{1}{2}\times(2\pi\times3)\times5+\pi\times3^2=24\pi$ (cm^2)

3 1 回転してできる立体は，半径 3 cm の球を半分に切った立体で，その表面積は，球の表面積の半分と切り口の円の面積の合計になる。

p.60～p.61 章末予想問題

1 (1) ㋖　(2) ㋒

(3) ㋐，㋕　(4) ㋓，㋗，㋘

(5) ㋐，㋑，㋒，㋓

2 (1) 面 BFGC，面 EFGH

(2) 辺 CG，辺 DH

(3) 面 ABCD，面 EFGH

(4) 辺 AE，辺 BF，辺 CG，辺 DH

(5) 面 ABCD，面 EFGH

(6) 辺 CG，辺 DH，辺 FG，辺 GH，辺 HE

3 ㋑，㋓，㋔

4 弧の長さ… 50π cm　面積… 750π cm^2

5 (1) 12 cm^3　(2) 100π cm^3

6 (1) 900 cm^3

(2) 表面積… 48π cm^2　体積… 48π cm^3

解説

3 ㋑，㋓，㋔は，どんな場合でも成り立つ。

㋐　交わらない 2 直線は，ねじれの位置にあるときは平行ではない。

㋒　1 つの直線に垂直な 2 直線は，交わるときやねじれの位置にあるときは平行ではない。

㋕　平行な 2 平面上の直線は，ねじれの位置にあるときは平行ではない。

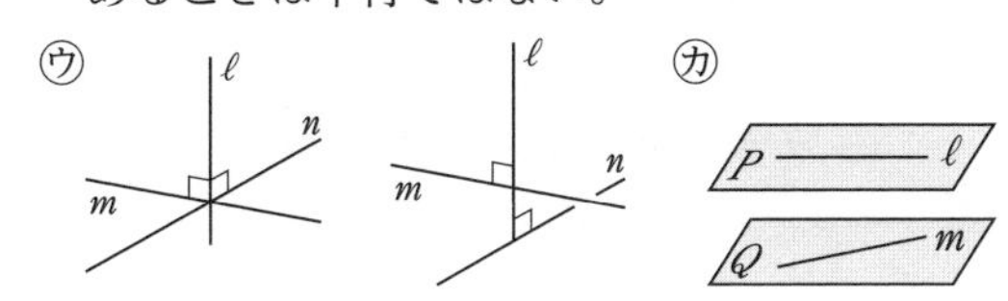

4 弧の長さ　$(2\pi\times30)\times\dfrac{300}{360}=50\pi$ (cm)

面積　$(\pi\times30^2)\times\dfrac{300}{360}=750\pi$ (cm^2)

5 (1) 底面は直角をはさむ 2 辺が 3 cm と 4 cm の直角三角形で，高さが 2 cm の三角柱になる。

(2) 底面の円の半径が $10\div2=5$ (cm)，高さが 12 cm の円錐になる。

6 (1) 水は底面が直角三角形で，高さが 12 cm の三角柱の形になっている。

(2) 1 回転してできる立体は，円柱と円錐を合わせた立体だから，表面積，体積はそれぞれ

$\pi\times3^2+4\times(2\pi\times3)+(\pi\times5^2)\times\dfrac{2\pi\times3}{2\pi\times5}=48\pi$ (cm^2)

$\pi\times3^2\times4+\dfrac{1}{3}\times\pi\times3^2\times4=48\pi$ (cm^3)

7章　データの活用

p.63 予想問題

1 (1) 14 m

(2) 中央値

2 (1) 5 cm

(2) 15 人

(3)

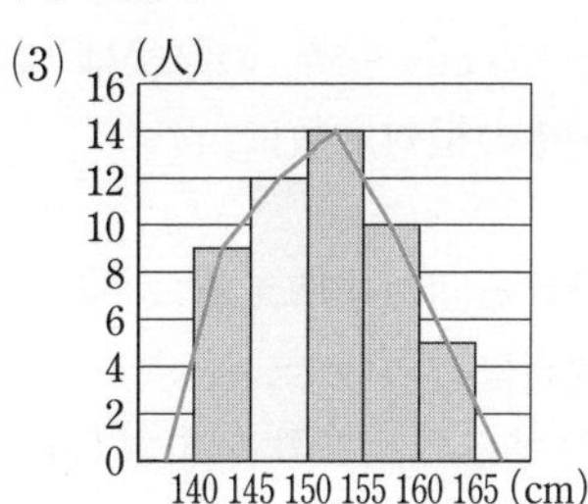

(4) 0.28

3 0.57

4 (1)「10 分以上 20 分未満」の階級

(2) 15 分

解説

1 (1) データを小さい順に並べると，

15，16，18，20，21，23，27，27，29

だから，

最大値＝29 m

最小値＝15 m

範囲は，$29-15=14$ (m)

(2) 中央値より大きければ，9 人の半数より記録は長かったことがわかる。つまり，ほかの 8 人と比べて記録が長い方だということがわかる。

2 (1) ポイント　データを整理するために分けた区間を「階級」といい，その区間の大きさが「階級の幅」である。

階級の幅は，たとえば，

「140 cm 以上 145 cm 未満」の階級で考えて，

$145-140=5$ (cm)

(2) 「155 cm 以上 160 cm 未満」の度数が 10 人，「160 cm 以上 165 cm 未満」の度数が 5 人だから，155 cm 以上の生徒の人数は，

$10+5=15$ (人)

(3) **注意** ヒストグラムを使って，度数折れ線をかくときは，両端の階級の左右に度数 0 の階級があるとみなして，横軸の上にも点をとって結ぶ。

(4) **ポイント** 相対度数は，

$$(相対度数)=\frac{(その階級の度数)}{(総度数)}$$

で求められる。

「150 cm 以上 155 cm 未満」の階級は 14 人だから，その階級の相対度数は，

$14\div50=0.28$

3 **ポイント** 投げる回数が増えるにつれ，相対度数は一定の数値に近づいていく。

この数値でことがらの起こりやすさ (確率) を表すことができるので，この場合，投げた回数が 400 回のときの，上向きの回数の相対度数を求めればよい。

よって，求める確率は，

$\frac{228}{400}=0.57$

4 (1) **参考** データの個数は 20 だから，通学時間の短い方から教えて 10 番目と 11 番目の生徒の記録の通学時間の平均値が中央値となる。

この問題では個々のデータの値がわからないので，10 番目と 11 番目の生徒がふくまれる階級の階級値が中央値となる。

10 番目と 11 番目の生徒がふくまれる階級がともに「10 分以上 20 分未満」の階級なので，中央値は，

$\frac{10+20}{2}=15$ (分)

(2) 「最頻値」は，データの中でもっとも多く出てくる値のことだが，度数分布表では度数のもっとも多い階級の階級値のことをいう。

もっとも多い度数は 8 。8 がふくまれるのは「10 分以上 20 分未満」の階級なので，その階級の階級値を答える。

$\frac{10+20}{2}=15$ (分)

p.64 章末予想問題

1 (1) **0.25**　(2) **0.62**

(3) ① **12**　② **21**

2 (1) ① **7.6**　② **9**　③ **38.0**

④ **79.2**　⑤ **328.0**

(2) **8.2 秒**

3 (1) ① **0.382**　② **0.380**

(2) **3800 回**

解説

1 (1) 得点が 60 点以上 80 点未満の階級の男子の度数は 15 人だから，$15\div60=0.25$

(2) 女子の相対度数をそれぞれ求める。

「0 点以上 20 点未満」の階級…$3\div50=0.06$

「20 点以上 40 点未満」の階級…$10\div50=0.20$

「40 点以上 60 点未満」の階級…$18\div50=0.36$

よって，求める累積相対度数は，

$0.06+0.20+0.36=0.62$

別解 $3+10+18=31$

$31\div50=0.62$

(3) 「20 点以上 40 点未満」の階級の女子の相対度数は，$10\div50=0.20$

よって，$\boxed{①}\div60=0.20$

$\boxed{①}=0.20\times60=12$

男子の度数の合計は 60 だから，

$6+\boxed{①}+\boxed{②}+15+6=60$

$\boxed{②}=60-(6+12+15+6)=21$

2 (1) ① $(7.4+7.8)\div2=7.6$

② $40-(3+5+12+10+1)=9$

③ $7.6\times5=38.0$　④ $8.8\times9=79.2$

⑤ $21.6+38.0+96.0+84.0+79.2+9.2$
$=328.0$

(2) $$(平均値)=\frac{\{(階級値)\times(度数)の総和\}}{(総度数)}$$

だから，$328.0\div40=8.2$ (秒)

3 (1) ① $191\div500=0.382$

② $760\div2000=0.380$

(2) $(相対度数)=\frac{(その階級の度数)}{(総度数)}$ であるから，

(その階級の度数)=(相対度数)×(総度数)

10000 回投げたときの相対度数も 0.380 と考えると，

$0.380\times10000=3800$ (回)

6 5 4 3 2 1
D C B A

中間・期末の攻略本

テストに出る！

5分間攻略ブック

学校図書版

数学 1年

重要事項をサクッと確認

よく出る問題の解き方をおさえる

赤シートを活用しよう！

テスト前に最後のチェック！
休み時間にも使えるよ♪

「5分間攻略ブック」は取りはずして使用できます。

1章　正の数・負の数

教科書 p.14~p.35

何という？

□ 0より大きい数　正の数

□ 0より小さい数　負の数

□ 数直線上で，ある数に対応する点と原点との距離　絶対値

どう表す？

□ 200円の利益を +200円と表すとき，200円の損失　−200円

✽「利益」の反対の性質は「損失」。

□ 正，負の符号を使って，0℃より6℃低い温度　−6℃

不等号を使って表すと？

□ −8と −2　$-8<-2$

□ 5，−7，−4　$-7<-4<5$

次の問いに答えよう。

□ 自然数は0をふくむ？　ふくまない

✽正の整数を自然数という。

□ −1.8にもっとも近い整数　−2

□ −4の絶対値　4

□ 絶対値が6である数　+6と −6

✽0を除いて，絶対値が等しい数は2つある。

□ 2+(−8)+(−4)+6を項だけを並べた式に直すと？　$2-8-4+6$

計算をしよう。

□ $(-9)+(-13)=\boxed{-}(9\boxed{+}13)$
$=\boxed{-22}$

□ $(-9)+(+13)=\boxed{+}(13\boxed{-}9)$
$=\boxed{4}$

□ $(+9)-(+13)=(+9)\boxed{+}(-13)$
$=\boxed{-}(13\boxed{-}9)=\boxed{-4}$

□ $(+9)-(-13)=(+9)\boxed{+}(+13)$
$=\boxed{+}(9\boxed{+}13)=\boxed{22}$

□ $-7+(-9)-(-13)$
$=-7\boxed{-}9\boxed{+}13=13-7-9$
$=13-16=\boxed{-3}$

□ $4-(+8)-(-6)+(-5)$
$=4\boxed{-}8\boxed{+}6\boxed{-}5$
$=4+6-8-5=10-13=\boxed{-3}$

◎攻略のポイント

数の大小(数直線)

←負の向き　原点　正の向き→

−5　−4　−3　−2　−1　0　+1　+2　+3　+4　+5

不等号を使って大小を表すときは，

㊛<㊥<㊚　㊚>㊥>㊛

1章　正の数・負の数

教科書 p.36~p.60

何という？

□ 同じ数をいくつかかけ合わせたもの　累乗

□ 4^5 の5の部分　指数

□ 1以外の数で，1とその数自身のほかには約数がない自然数　素数

累乗の指数を使って表すと？

□ $(-3)\times(-3)=\boxed{(-3)^2}$

□ $(-3)\times(-3)\times(-3)=\boxed{(-3)^3}$

計算をしよう。

□ $(-4)\times(-5)=\boxed{+}(4\boxed{\times}5)$
$=\boxed{20}$

□ $(+20)\div(-5)=\boxed{-}(20\boxed{\div}5)$
$=\boxed{-4}$

□ $(-20)\div(+3)=\boxed{-}(20\boxed{\div}3)$
$=\boxed{-\frac{20}{3}}$

□ $(-7)\times0=\boxed{0}$

□ $0\div(-7)=\boxed{0}$

□ $-2^2=-(2\times2)=\boxed{-4}$

□ $(-2)^2=(-2)\times(-2)=\boxed{4}$

□ $(-4)\times3\times(-2)$
$=\boxed{+}(4\times3\times2)=\boxed{24}$

□ $(-4)\div\left(-\frac{2}{3}\right)\times(-3)$
$=(-4)\times\boxed{\left(-\frac{3}{2}\right)}\times(-3)$
$=-\left(4\times\frac{3}{2}\times3\right)=\boxed{-18}$

□ $-3^2-4\times(1-3)$
$=\boxed{-9}-4\times\boxed{(-2)}$
$=-9+8=\boxed{-1}$

□ $(-3)\times2-36\div(-9)$
$=\boxed{-}6\boxed{+}4=\boxed{-2}$

□ $\left(\frac{3}{2}+\frac{2}{3}\right)\times6=\frac{3}{2}\times\boxed{6}+\frac{2}{3}\times\boxed{6}$
$=\boxed{9}+\boxed{4}=\boxed{13}$

❁ $(b+c)\times a=b\times a+c\times a$

次の数を素因数分解すると？

□ 40　$2^3\times5$

□ 90　$2\times3^2\times5$

◎ 攻略のポイント

累乗の計算と四則の混じった式の計算順序

■ $\underline{(-4)^2}=(-4)\times(-4)=16$
−4を2個かけ合わせる。

$-\underline{4^2}=-(4\times4)=-16$
4を2個かけ合わせる。

■ ［(　)の中・累乗］ ➡ ［乗法・除法］ ➡ ［加法・減法］ の順に計算

2章　文字式

教科書 p.68~p.78

文字を使った式の表し方は？

□ 文字式では，乗法の記号 × をどうする？　省く

□ 数と文字の積では，数と文字のどちらを前に書く？　数

□ 文字どうしの積は何の順に書くことが多い？　アルファベット順

□ 文字式では，除法の記号 ÷ を使わずに，どうする？　分数の形で表す

文字式の表し方にしたがうと？

□ $7\times x$　$7x$

□ $1\times a$　a

□ $(-1)\times a$　$-a$

□ $(-5)\times a$　$-5a$

□ $y\times a\times 5$　$5ay$

□ $(a+b)\times(-6)$　$-6(a+b)$

□ $2\times a-3\times b$　$2a-3b$

□ $x\times(-4)-2$　$-4x-2$

□ $x\times x\times x$　x^3

□ $a\times b\times b\times a\times a$　a^3b^2

□ $a\times 3\times a$　$3a^2$

□ $a\div 5$　$\frac{a}{5}$

□ $4\div x\div y$　$\frac{4}{xy}$

□ $(x-y)\div 2$　$\frac{x-y}{2}$

何という？

□ 式の中の文字を数でおきかえること　代入

□ 式の中の文字に数を代入して計算した結果　式の値

式の値は？

□ $x=5$ のとき，$2x+3$ の値

➡ $2x+3=2\times 5+3$　13

□ $x=-5$ のとき，$-x$ の値

➡ $-x=-(-5)$　5

✻負の数を代入するときは（　）をつける。

□ $x=-3$ のとき，x^2-x の値

➡ $x^2-x=(-3)^2-(-3)=9+3$　12

◎ 攻略のポイント

記号×や÷を使って表すとき

■ $3a^2+\frac{b}{5}$ ➡ $3\times a\times a+b\div 5$

分数はわり算で表す。

$\frac{a+b}{5}$ ➡ $(a+b)\div 5$

分子の $a+b$ はひとまとまりと考え，（　）をつける。

2章　文字式

教科書 p.79~p.88

次の問いに答えよう。

□ $6a$ などの文字をふくむ項で，6 を a の何という？　係数

□ $2x+3$ や $2x$ のように，1次の項と数の項との和の式や，1次の項だけの式を何という？　1次式

□ $(2x+3)\times 4$ のような1次式と数の乗法は，どの計算法則を使って計算する？　分配法則

□ 分配法則を使って，かっこのない式をつくることを何という？　かっこをはずす

次の式の項と係数は？

□ $3a-1$

項→ $3a$，-1　a の係数→ 3

□ $-4a+6$

項→ $-4a$，6　a の係数→ -4

□ $2-\frac{x}{3}$

項→ $-\frac{x}{3}$，2　x の係数→ $-\frac{1}{3}$

計算をしよう。

□ $4a+7a=\boxed{11a}$

✽分配法則を使って，1つの項にまとめる。

□ $5x-3x-4x=\boxed{-2x}$

□ $3a+4-a+5=\boxed{2a+9}$

✽文字の項と数の項はまとめられない。

□ $(3x-2)+(-4x+2)$

$=3x-2\boxed{-4x+2}=\boxed{-x}$

□ $(a+4)-(2a-3)$

$=a+4\boxed{-2a+3}=\boxed{-a+7}$

□ $2x\times 6=\boxed{12x}$

□ $8x\div 4=\frac{8x}{4}=\boxed{2x}$

□ $12a\div\frac{2}{5}=12a\times\boxed{\frac{5}{2}}=\boxed{30a}$

□ $3(a-2)=\boxed{3a-6}$

□ $-4(x-3)=\boxed{-4x+12}$

□ $\frac{5x-2}{3}\times(-6)=\frac{(5x-2)\times(-6)}{3}$

$=(5x-2)\times\boxed{(-2)}=\boxed{-10x+4}$

□ $2(a+3)-3(-a+2)$

$=2a+6\boxed{+3a-6}=\boxed{5a}$

◎ 攻略のポイント

文字が2種類の式の値

■ $a=3$，$b=-2$ のとき，$2a-3b$ の値 ➡

$2a-3b=2\times a-3\times b$　←「×」を使って表す。

$=2\times 3-3\times(-2)$　←負の数は（　）をつけて代入。

$=6+6=12$

3章　1次方程式

教科書 p.96~p.107

何という？

□ 等号を使って数量の関係を表した式

等式

□ 等式の等号の左側の式を ① ，右側の式を ② ，左辺と右辺を合わせて ③

①左辺　②右辺　③両辺

□ x の値によって成り立ったり成り立たなかったりする等式

（x についての）方程式

□ 方程式を成り立たせる x の値

方程式の解

□ 方程式の解を求めること

方程式を解く

□ 等式の一方の辺にある項を，符号を変えて他方の辺に移すこと

移項

等式の性質は？

□ $A=B$ ならば $A+m=$ $B+m$

□ $A=B$ ならば $A-m=$ $B-m$

□ $A=B$ ならば $Am=$ Bm

□ $A=B$ ならば $\frac{A}{m}=$ $\frac{B}{m}$ $(m \neq 0)$

✽ $m \neq 0$ は，m は0でないことを表す。

□ 等式の両辺を入れかえても等式は成り立つ。$A=B$ ならば $B=A$

移項しよう。

□ 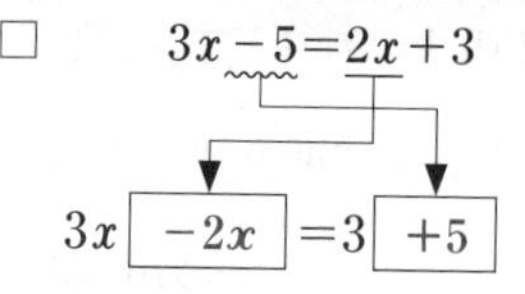

$3x-5=2x+3$

$3x$ $-2x$ $=3$ $+5$

✽移項するときは，符号に注意する。

方程式を解こう。

□ $3x-5=4$

$3x=4$ $+5$

$3x=9$

$x=3$

□ $2x+4=-2$

$2x=-2$ -4

$2x=-6$

$x=-3$

□ $3x-5=-7x+4$

$3x+7x=4$ $+5$

$10x=9$

$x=\frac{9}{10}$

□ $2x+4=3x-2$

$2x-3x=-2$ -4

$-x=-6$

$x=6$

◎ 攻略のポイント

方程式の解き方

1 文字の項を左辺に，数の項を右辺に**移項**する。

2 両辺をそれぞれ計算し，$ax=b$ の形にする。

3 両辺を x の係数 a でわる。

$4x-3=2x+5$

↓ 1

$4x-2x=5+3$

↓ 2

$2x=8$

↓ 3

$x=4$

3章　1次方程式

教科書 p.107~p.120

方程式を解くときに注意することは？

□ かっこをふくむとき　かっこをはずす

□ 係数に小数をふくむとき

　両辺に 10，100 などをかける

□ 係数に分数をふくむとき

　両辺に分母の公倍数をかける

何という？

□ 係数に分数をふくむ方程式で，両辺に分母の公倍数をかけて，係数を整数に直すこと　分母をはらう

□ 移項・整理して，$ax+b=0\ (a\neq0)$ の形になる方程式　1次方程式

方程式を解こう。

□ $4(x+1)=3x-2$ （かっこをはずす）

$\boxed{4x+4}=3x-2$

$4x\ \boxed{-3x}=-2\ \boxed{-4}$

$\boxed{x=-6}$

□ $0.5x+0.3=0.2x-0.7$ （両辺に 10 をかける）

$\boxed{5x+3}=2x-7$

$5x\ \boxed{-2x}=-7\ \boxed{-3}$

$3x=-10$

$\boxed{x=-\frac{10}{3}}$

□ $\frac{2}{3}x-1=\frac{1}{2}x$ （両辺に 6 をかける）

$\boxed{4x-6}=3x$

$4x-3x=6$

$x=\boxed{6}$

比例式とは？

□ $a:b$ について，a を b でわったときの商 $\frac{a}{b}$ を何という？　比の値

□ 比例式 $a:b=c:d$ の性質は？

　$ad=bc$

比例式を解こう。

□ $(x-3):2=x:3$

$(x-3)\times\boxed{3}=2\times\boxed{x}$

$\boxed{3x-9}=2x$

$3x-2x=9$

$x=\boxed{9}$

◎ 攻略のポイント

方程式を利用して問題を解く手順

1. 問題の中にある，数量の関係を見つけ，図や表，ことばの式で表す。
2. わかっている数量，わからない数量をはっきりさせ，文字を使って方程式をつくる。
3. 方程式を解き，その方程式の解が問題に適しているかどうかを確かめ，答えとする。

4章　比例と反比例

教科書 p.130~p.141

何という？

□ いろいろな値をとる文字　変数

□ 変数のとる値の範囲　変域

□ 一定の数やそれを表す文字　定数

□ y が x の関数であり，変数 x，y の間に，$y=ax$（a は定数）の関係が成り立つこと　y は x に比例する

□ 比例の式 $y=ax$ の定数 a のこと　比例定数

□ y が x に比例し，$x \fallingdotseq 0$ のときの商 $\frac{y}{x}$ は一定で，何と等しい？　比例定数

どう表す？

□ 変域は何を使って表す？　不等号

□ x の変域が 3 より大きいこと

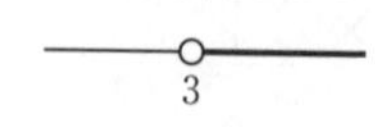

$3<x$

●はふくむ，○はふくまないことを表す。

□ x の変域が 4 以上 8 未満であること

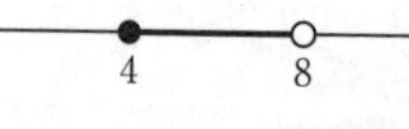

$4 \leqq x<8$

比例の式を求めよう。

□ y は x に比例し，$x=2$ のとき $y=6$ である。y を x の式で表すと？

➡比例定数を a とすると，$y=ax$ と表せる。$x=2$，$y=6$ を代入して，$6=a\times2$ より $a=3$　$y=3x$

座標について答えよう。

□ x 軸（横軸），y 軸（縦軸）を合わせて何という？　座標軸

□ 座標を表す数の組（a，b）の a は何を表す？　x 座標

□ 下の図の①，②，③を何という？

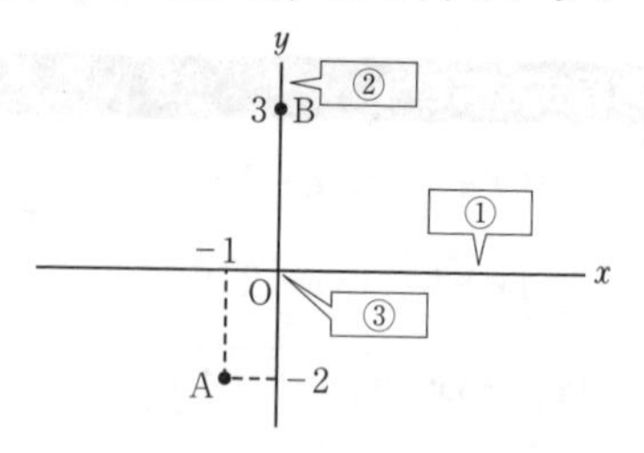

① x 軸　② y 軸　③原点

□ 上の図の点Aと点Bの座標は？

A(−1，−2)　B(0，3)

◎ 攻略のポイント

比例のグラフ

1 $y=ax$ のグラフは，原点を通る直線

2 $a>0$ のとき右上がりの直線

3 $a<0$ のとき右下がりの直線

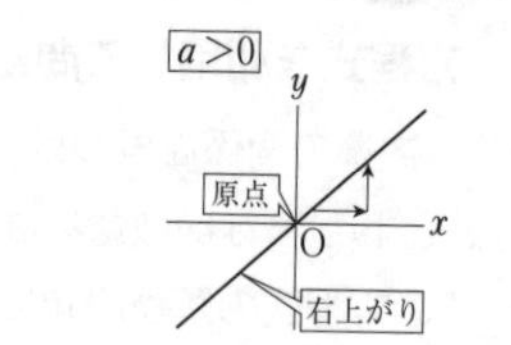

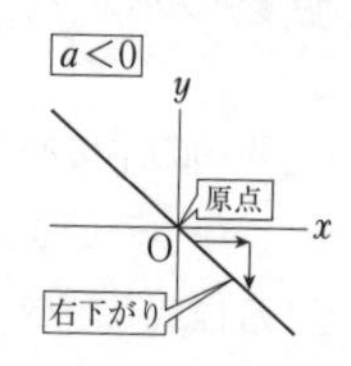

4章　比例と反比例

教科書 p.139~p.159

比例のグラフを求めよう。

□ $y=3x$ のグラフは右の図の①～③のどれ？

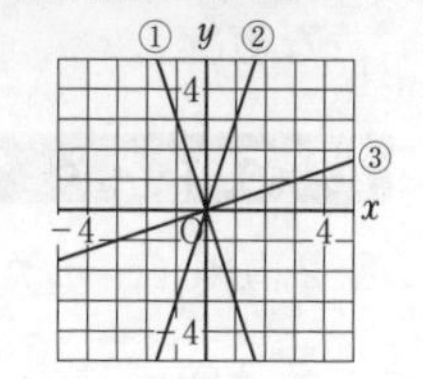

②

✽比例のグラフは，原点を通る直線である。$y=3x$ のグラフは，$x=1$ のとき $y=3$ だから，原点と (1, 3) を通る直線になる。

何という？

□ y が x の関数であり，変数 x，y の間に，$y=\dfrac{a}{x}$（a は定数）の関係が成り立つこと　y は x に反比例する

□ 反比例の式 $y=\dfrac{a}{x}$ の定数 a のこと

比例定数

□ y が x に反比例するとき，x と y の積 xy は一定で，何と等しい？

比例定数

□ 2つのなめらかな曲線になる $y=\dfrac{a}{x}$（a は定数）のグラフ　双曲線

反比例の式を求めよう。

□ y は x に反比例し，$x=2$ のとき $y=6$ である。y を x の式で表すと？

➲比例定数を a とすると，$y=\dfrac{a}{x}$ と表せる。$x=2$，$y=6$ を代入して，$6=\dfrac{a}{2}$ より $a=12$　　$y=\dfrac{12}{x}$

反比例のグラフをかこう。

□ $y=\dfrac{4}{x}$ のグラフを右の図にかくと？

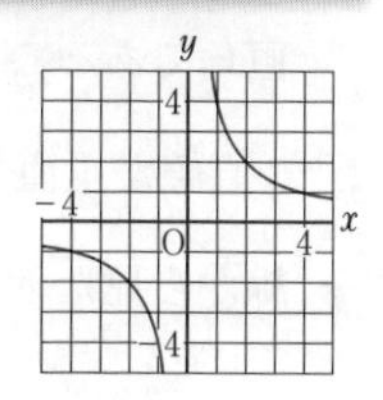

✽反比例のグラフは，双曲線になる。$y=\dfrac{4}{x}$ を成り立たせる x，y の値の組を座標とする点をいくつかとって，なめらかな曲線をかく。ここでは，(1, 4)，(2, 2)，(4, 1)，(−1, −4)，(−2, −2)，(−4, −1) を通る曲線になる。

座標は，x 座標，y 座標の順に書くことに注意しよう！

◎ 攻略のポイント

反比例のグラフ

$y=\dfrac{a}{x}$ のグラフは，右上と左下，または左上と右下の部分にあり，限りなく x 軸，y 軸に近づくが，交わることはない。

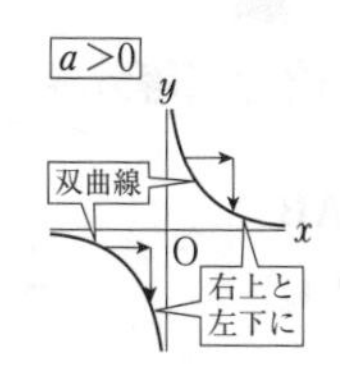

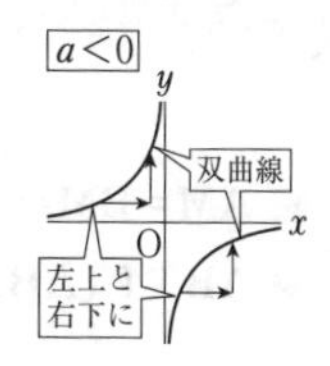

5章　平面図形

教科書
p.168~p.183

何という？

□ 直線ABのうち，点Aから点Bまでの部分　線分AB

□ 点Aを端として点Bの方向に限りなくのびているまっすぐな線　半直線AB

□ 2直線ℓ，mが交わってできる角が直角であること　垂直

□ 2直線が垂直であるとき，一方の直線から見た他方の直線のこと　垂線

□ 線分を2等分する点　中点

□ 右の図の線分PHの長さ

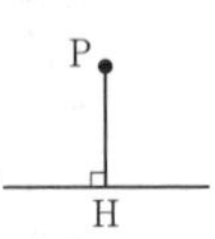

（点Pと直線ℓとの）距離

□ 右の図の①，②

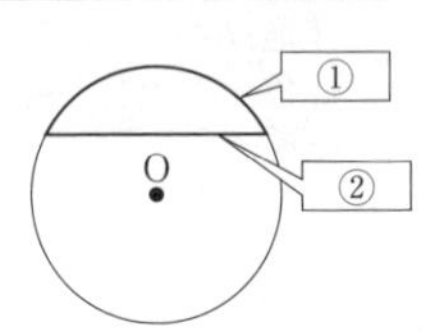

①弧　②弦

□ 線分の中点を通り，その線分に垂直な直線　垂直二等分線

記号で書くと？

□ 2直線ℓ，mが垂直　$\ell \perp m$

□ 角AOB　$\angle AOB$

□ 2直線ℓ，mが平行　$\ell // m$

□ 三角形ABC　$\triangle ABC$

□ 弧AB　$\overset{\frown}{AB}$

次の問いに答えよう。

□ 右の図で，2点A，Bから等しい距離にある点はどんな直線上にある？

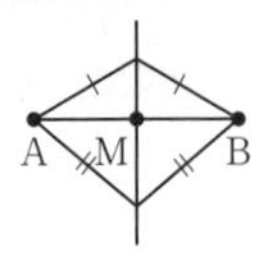

線分ABの垂直二等分線上

□ 円の弦の垂直二等分線は，円のどこを通る？　中心

□ 円と直線が1点だけを共有するとき，この直線を何という？　接線

□ 円の接線と接点を通る半径はどのように交わる？　垂直

◎ 攻略のポイント

垂直二等分線

■ $AM=BM=\frac{1}{2}AB$

■ $AB \perp \ell$（$AB \perp CD$）

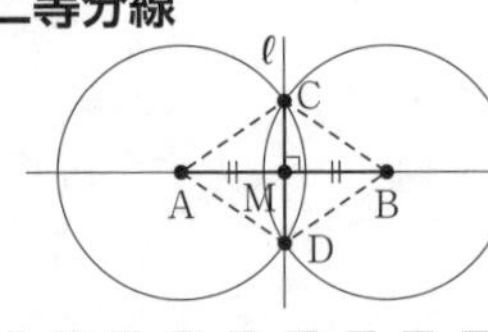

※四角形ADBCは，$AC=AD=BC=BD$よりひし形になる。ひし形の対角線を考えるといろいろな関係がわかる。

5章　平面図形

教科書 p.170~p.188

どう作図する？

□ 線分ABの垂直二等分線

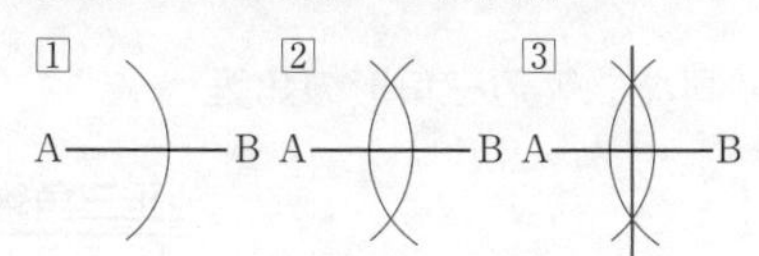

□ 直線 ℓ 上にない点Pを通る垂線

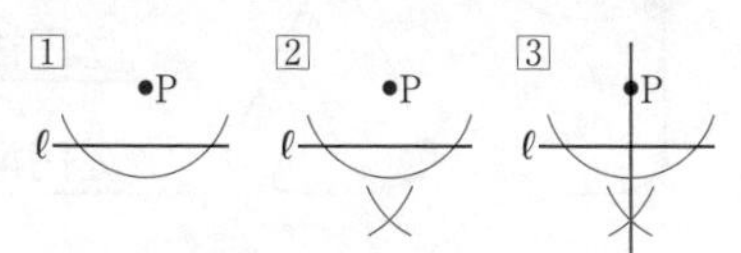

□ ∠AOBの二等分線

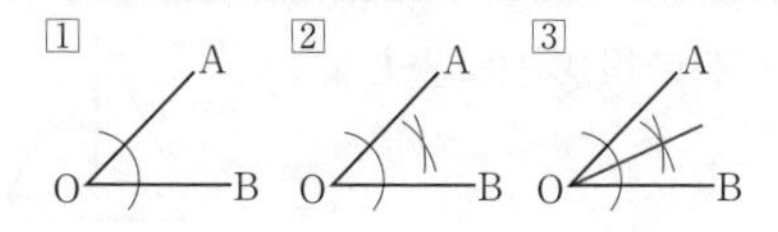

□ 直線 ℓ 上にある点Pを通る垂線

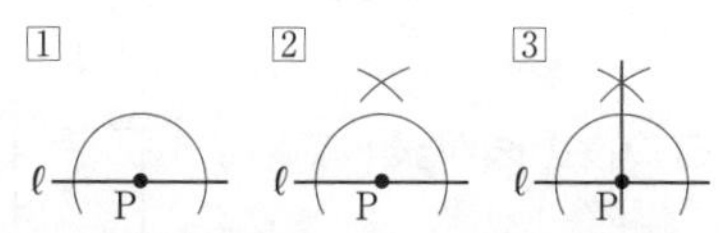

次の問いに答えよう。

□ 線分ABの垂直二等分線上の点は，線分ABの両端の点A，Bからの距離が等しい？　等しい

□ 角の二等分線上の点は，角の2辺からの距離が等しい？　等しい

次の移動を何という？

□ 右の図のように，図形を，一定の方向に一定の距離だけずらす移動　平行移動

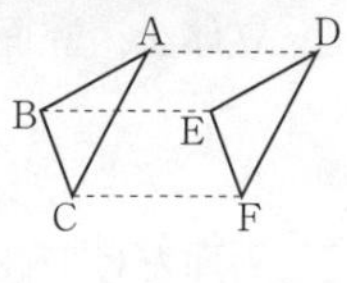

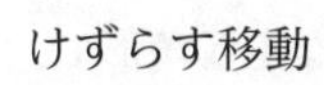

AD＝BE＝CF

AD//BE//CF

□ 右の図のように，図形を，1つの点Oを中心として一定の角度だけ回転させる移動　回転移動

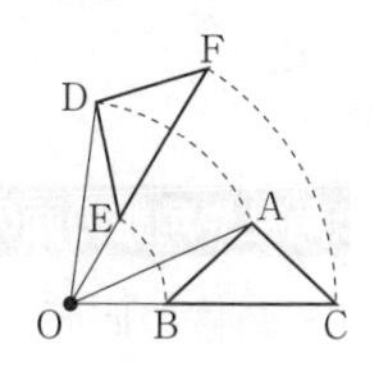

∠AOD＝∠BOE＝∠COF

点Oを「回転の中心」という。

□ 右の図のように，図形を，1つの直線 ℓ を折り目として折り返す移動　対称移動

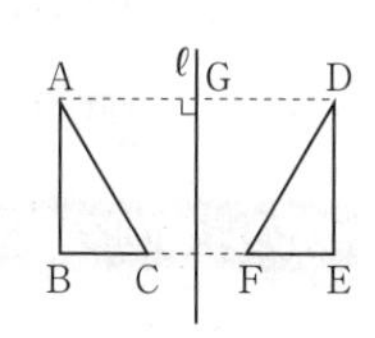

AG＝DG　$\ell \perp$ AD

ℓ を「対称の軸」という。

◎ 攻略のポイント

作図の利用

- 30°の角の作図 ➡ **正三角形**をかいてから，ひとつの角（60°）の二等分線をひく。
- 45°の角の作図 ➡ **垂線**をかいてから，その角（90°）の二等分線をひく。
- 円の接線の作図 ➡ 接点を通り，接点と円の中心を結ぶ直線の**垂線**をひく。

6章　空間図形

教科書 p.196~p.201

何という？

□ 立体を，立面図と平面図で表した図　投影図

□ 平面だけで囲まれた立体　多面体

□ すべての面が合同な正多角形で，どの頂点にも面が同じ数だけ集まっているへこみのない多面体　正多面体

角柱や角錐の面の形は？

□ 角柱の底面と側面の形は？　底面…多角形　側面…長方形

✻面の数は，底面が2つあるので，「側面の数 +2」になる。

□ 角錐の底面と側面の形は？　底面…多角形　側面…三角形

次の立体の名前は？

□ 底面が三角形である角柱　三角柱

□ 底面が正方形で，側面がすべて合同な長方形の角柱　正四角柱

□ 底面が四角形である角錐　四角錐

□ 底面が正三角形で，側面がすべて合同な二等辺三角形の角錐　正三角錐

□ ㋐ 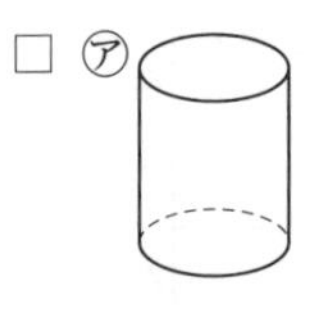 ㋑ 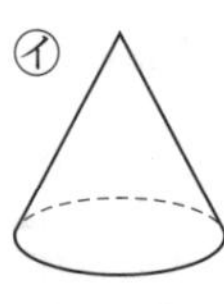

㋐円柱

㋑円錐

どんな立体？

□ 右の投影図が表している立体　三角錐

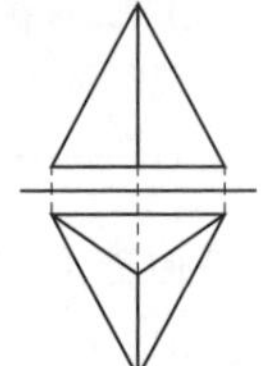

□ 右の投影図が表している立体　円柱

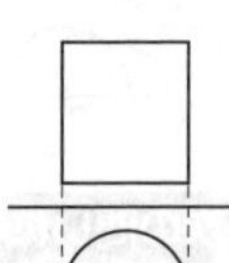

次の条件は？

□ 平面がただ1つに決まるための条件は，一直線上にない点が何点わかればよい？　3点

◎攻略のポイント

正多面体

正四面体，正六面体，正八面体，正十二面体，正二十面体の5種類がある。

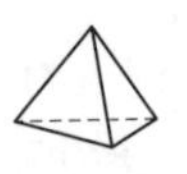

正四面体

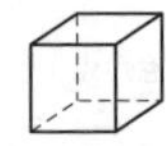

正六面体（立方体）

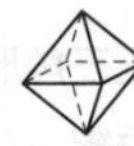

正八面体

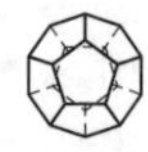

正十二面体

正二十面体

6章　空間図形

教科書 p.202~p.210

次の位置関係は？

□ 同じ平面上にあって交わらない２直線

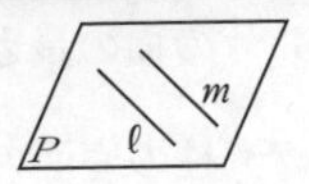

平行

□ 空間内で，平行でなく，交わらない２直線

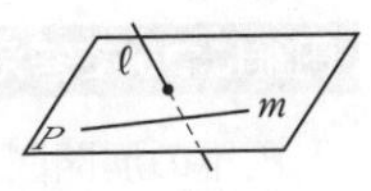

ねじれの位置

□ 空間内で，直線と平面が交わらないときの直線と平面

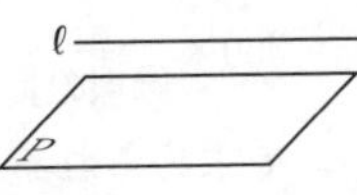

平行

□ 直線 ℓ が平面Ｐと点Ｏで交わり，Ｏを通るＰ上の２直線と垂直であるときの直線 ℓ と平面Ｐ

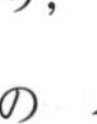

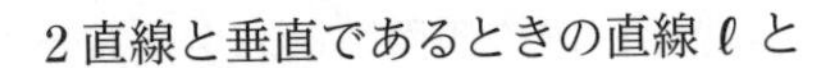

垂直

□ 空間内で，交わらない２平面

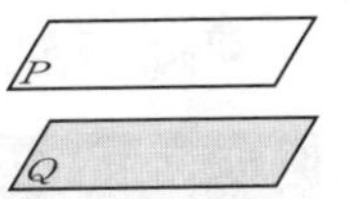

平行

□ 角柱や円柱の２つの底面　平行

何という？

□ 右の図の線分AHの長さ

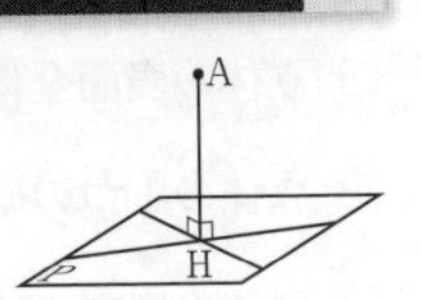

（点Ａと平面Ｐとの）距離

□ 平面図形を，同じ平面上の直線を軸として１回転してできる立体

回転体

□ 円柱や円錐の側面をえがく線分

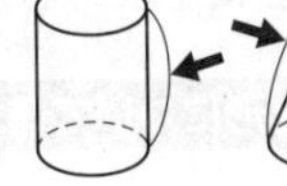

母線

✻円柱では，母線の長さが高さになる。

□ おうぎ形で２つの半径のつくる角

中心角

どんな立体？

□ 半円を，直径をふくむ直線 ℓ を軸として１回転してできる立体

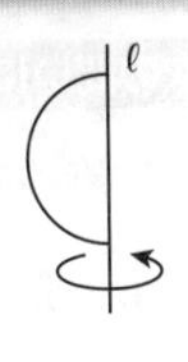

球

◎ 攻略のポイント

ねじれの位置の見つけ方

■平行でなく，しかも交わらない直線だから，まずは，平行な直線と交わる直線を調べるとよい。

（例）

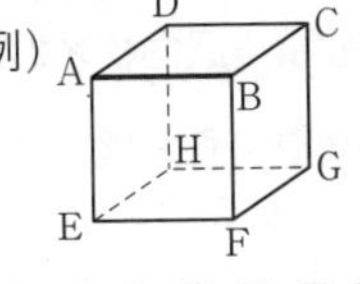

左の立方体で辺ABとねじれの位置にある辺は？

➡ 辺EH，FG，DH，CG

6章　空間図形

教科書 p.212~p.225

何という？

□ 立体の表面全体の面積　表面積

□ 立体の１つの底面の面積　底面積

□ 立体の側面全体の面積　側面積

三角柱の展開図で，次の面はどこ？

□ 側面積を求めるための面

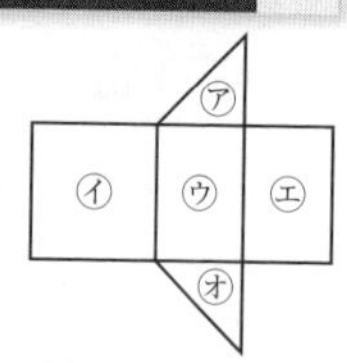

㋑，㋒，㋓

□ 底面積を求めるための面　㋐(㋔)

おうぎ形について答えよう。

□ 半径 $r$cm, 中心角 $a°$ のおうぎ形の弧の長さを ℓcm，面積を Scm^2 として，ℓ と S を求める式

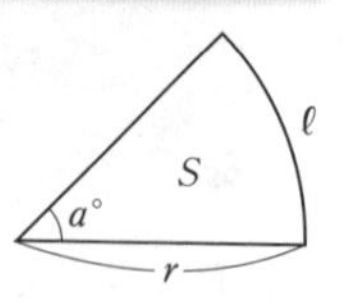

$\ell=2\pi r\times\frac{a}{360}$　　$S=\pi r^2\times\frac{a}{360}$

次の問いに答えよう。

□ 円錐の展開図で，側面になるおうぎ形の弧の長さは，円錐の底面のどの長さに等しい？　円周の長さ

□ 円柱の展開図で，側面になる長方形の横の長さ（高さではない辺）は，円柱の底面のどの長さに等しい？

円周の長さ

円錐について答えよう。

□ 円錐の展開図で，側面になるおうぎ形の中心角は，

$360\times\frac{\text{底面の円の円周}}{\text{母線の長さを半径とする円の円周}}$

で求められるから，

右の円錐の展開図で，側面になるおうぎ形の中心角は？　240°

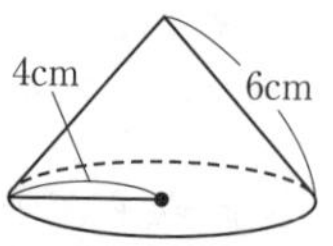

✽ $360\times\frac{2\pi\times4}{2\pi\times6}=360\times\frac{2}{3}=240$

□ 上の円錐の側面積は，半径6cmの円の面積の何倍になる？　$\frac{2}{3}$倍

✽ $\frac{240}{360}$ または $\frac{2\pi\times4}{2\pi\times6}$ から求める。

球の表面積や体積を求める公式は？

□ 球の表面積 S（半径 $r$cm）　$S=4\pi r^2$

□ 球の体積 V（半径 $r$cm）　$V=\frac{4}{3}\pi r^3$

◎ 攻略のポイント

表面積と体積

■角柱・円柱 ➡ 表面積＝側面積＋底面積×2　体積＝底面積×高さ　$V=Sh$

■角錐・円錐 ➡ 表面積＝側面積＋底面積　体積＝$\frac{1}{3}$×底面積×高さ　$V=\frac{1}{3}Sh$

※底面積を Scm^2，高さを $h$cm とする。

7章　データの活用

教科書
p.234~p.239

何という？

□ 平均値，中央値のように，データの特徴を代表する値　**代表値**

データを大きさの順に並べたとき，中央にくる値が**中央値**，データの中でもっとも多く出てくる値が**最頻値**だったね。

□ データの中で，最大値と最小値の差

範囲(レンジ)

✻(範囲)＝(最大値)－(最小値)

□ 度数分布表で，それぞれの階級の中央の値　**階級値**

□ 度数分布表で，度数のもっとも多い階級の階級値が表す値　**最頻値**

□ 度数分布表を用いて，階級の幅を横，度数を縦とする長方形を順に並べてかいたグラフ

ヒストグラム(柱状グラフ)

□ ヒストグラムの各長方形の上の辺の中点をとって順に結んだもの

度数折れ線(度数分布多角形)

次の問いに答えよう。

□ 下の度数分布表を完成させると？

時間(分) 以上　未満	階級値	度数(人)
10～20	15	3
20～30	25	9
30～40	35	12
40～50	45	6
合計		30

□ 上の度数分布表からヒストグラムと度数折れ線をかくと？

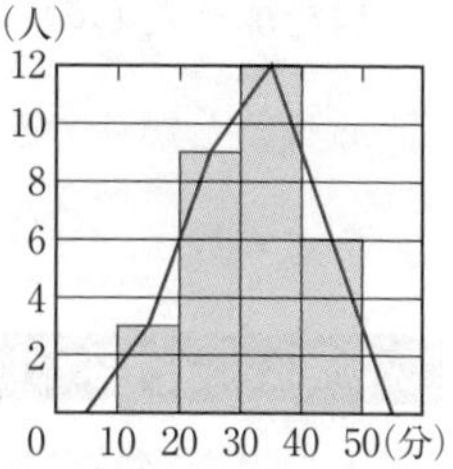

(人)
12, 10, 8, 6, 4, 2, 0
10　20　30　40　50(分)

□ 上の度数分布表で，度数がもっとも少ない階級は？

10分以上20分未満の階級

□ 上の度数分布表で，最頻値を求めると？　**35分**

✻度数がもっとも多いのは，30分以上40分未満の階級の12人だから，その階級値を求める。

◎ 攻略のポイント

度数分布表

階級…データを分けた１つ１つの区間。　**階級の幅**…区間の大きさ。

度数…各階級に入っているデータの個数。

度数分布表…階級と度数でデータの分布を表している表。

7章　データの活用

教科書 p.240~p.253

何という？

□ 各階級の度数を，総度数(度数の総和)でわった値　相対度数

✽ (ある階級の相対度数) $=\frac{(その階級の度数)}{(総度数)}$

□ 最小の階級から各階級までの度数を加えたもの　累積度数

□ 最小の階級から各階級までの相対度数を加えたもの　累積相対度数

□ あることがらの起こりやすさの程度を表す数　確率

次の問いに答えよう。

□ 下の表を完成させると？

時間(分)	度数(人)	相対度数
以上　未満		
10～20	3	0.10
20～30	9	0.30
30～40	12	0.40
40～50	6	0.20
合計	30	1.00

□ 上の度数分布表で，20分以上30分未満の階級の累積相対度数は？

✽ 0.10+0.30 = 0.40　0.40

次の問いに答えよう。

□ あるびんのふたを1000回投げたところ，480回上向きになった。このとき，ふたが上向きになる確率はいくらと考えられる？

✽ $\frac{480}{1000}=0.48$　0.48

多数回の実験では，相対度数を確率と考えるよ。

度数分布表を用いた平均値は？

□ 次の度数分布表を完成させて平均値を求めると？

階級(kg)	階級値(kg)	度数(人)	(階級値)×(度数)
以上　未満			
35～45	40	3	120
45～55	50	5	250
55～65	60	2	120
計		10	490

49kg

✽ 度数分布表では，データの個々の値はわからないので，階級値(その階級の中央の値)を使って，データ全体の合計を求める。

◎ 攻略のポイント

代表値の性質

データの中に極端にかけ離れた値があるとき，次のような性質がある。

◆**平均値**はその値に大きく影響を受ける。

◆**中央値**や**最頻値**はあまり影響を受けない。